"十二五"普通高等教育本科国家级规划教材配套教材

大学计算机实践教程

(第6版)(微课版)

主　编　蒋加伏　张　丽　郭艳光

本书资源使用说明

北京邮电大学出版社
·北京·

内 容 提 要

本书是与"十二五"普通高等教育本科国家级规划教材《大学计算机》(第 6 版)(微课版)配套的实验教材。全书共 3 部分。第 1 部分为与教学内容配套的 14 个实验,用以培养学生掌握计算机应用的基本技能,采用案例方式叙述,按零起点设计。其中包括操作系统(Windows 10)实验 3 个,办公自动化基础(Office 2016)实验 6 个,网络及其应用实验 3 个,多媒体实验 2 个。第 2 部分为常用且重要的工具软件介绍,熟练掌握这些工具软件的使用,对提高学生的计算机应用能力是十分有益的。第 3 部分是为进一步提高学生的计算机应用能力而设计的综合应用能力训练。

本书内容丰富、全面,侧重应用能力的培养,用于辅助教师实践教学,也适合学生自学使用。

图书在版编目(CIP)数据

大学计算机实践教程 :微课版 / 蒋加伏,张丽,郭艳光主编. -- 6 版. -- 北京 :北京邮电大学出版社,2024. -- ISBN 978-7-5635-7316-5

Ⅰ. TP3

中国国家版本馆 CIP 数据核字第 2024LV3830 号

策划编辑:韩　霞　　**责任编辑**:宋俊娥　　**封面设计**:广信达雅

出版发行:北京邮电大学出版社
社　　址:北京市海淀区西土城路 10 号(100876)
电话传真:010-82333010　62282185(发行部)　010-82333009　62283578(传真)
网　　址:www.buptpress3.com
电子信箱:buptpress3@163.com
经　　销:各地新华书店
印　　刷:鸿博睿特(天津)印刷科技有限公司
开　　本:787 mm×1 092 mm　1/16
印　　张:9.25
字　　数:228 千字
版　　次:2003 年 8 月第 1 版　2024 年 8 月第 6 版
印　　次:2024 年 8 月第 1 次印刷

ISBN 978-7-5635-7316-5　　定价:32.00 元

前　言

"大学计算机"是高等学校基于中学信息技术教育水平不断提升这一背景，而开设的一门非计算机专业计算机公共基础课程，课程内容比较系统和稳定。该课程的开设将从广度和深度上拓宽大学生的计算机知识结构，使其理论基础和实践能力都得到进一步提升。

全书共 3 部分。第 1 部分为与教学内容配套的 14 个实验，用以培养学生掌握计算机应用的基本技能，采用案例方式叙述，按零起点设计。其中包括操作系统（Windows 10）实验 3 个，办公自动化基础（Office 2016）实验 6 个，网络及其应用实验 3 个，多媒体实验 2 个。第 2 部分为常用且重要的工具软件介绍，熟练掌握这些工具软件的使用，对提高学生的计算机应用能力是十分有益的。第 3 部分是为进一步提高学生的计算机应用能力而设计的综合应用能力训练。

党的二十大报告强调"推进教育数字化"。教育数字化是教育教学活动与数字技术融合发展的产物，教材是教育教学的基本载体和关键支撑。本书是新形态教材，配套了丰富的数字化教学资源，利用信息网络技术，构建了方式更灵活、资源更丰富、学习更便捷的体系，支持用书学校深化教育模式改革。

本书由蒋加伏、张丽、郭艳光担任主编。参加编写的人员还有张林峰、朱前飞、易建勋、杨鼎强。此外，苏文章、杨玉梅构思并设计了全套教材在线课程教学资源的结构与配置，赵梅、张展华编辑了教学资源的内容，范茹婷、邓凡参与了微课的录制及后期处理，马双武审查了全书配套的在线课程教学资源，李敏提供了版式和装帧设计方案。在此一并表示感谢。

由于编者水平有限，加之时间仓促，对新生计算机基础知识和基本技能的把握难免有失当之处，若书中有疏漏与不足之处，请读者批评指正，以便及时修订。

编　者

目　录

第1部分　实验指导

实验1　Windows 10 操作系统的基本操作

1.1　实验目的

1. 熟悉 Windows 10 操作系统的“开始”菜单。
2. 掌握“开始”菜单的使用。
3. 掌握任务栏的使用。

1.2　实验内容

1. 了解“开始”菜单。
2. 在“开始”屏幕、桌面或任务栏添加程序图标。
3. 管理桌面图标。
4. 整理任务栏。
5. 桌面的个性化设置。

案例 1:了解“开始”菜单

相较于 Windows 7 操作系统,Windows 10 操作系统最直观的变化是“开始”菜单。如图 1-1 所示,“开始”菜单位于屏幕左下部,由三部分组成:左边部分是“关机”“设置”“用户名”按钮,中间部分是“开始”主菜单,右边部分是“开始”屏幕。

1. 打开“开始”菜单。单击“开始”按钮或者按 Win 键都可以打开“开始”菜单。

2. 关机和设置。单击“开始”菜单左边的“关机”按钮和“设置”按钮,可以分别打开“关机”菜单(关机、重启或睡眠)和“设置”菜单(相当于以前的控制面板,可以对硬件设备和用户环境进行设置)。

3. “开始”主菜单。“开始”主菜单包含 Windows 操作系统安装的所有程序,以及用户安装的应用程序。这些程序按名称的起始英文字母和拼音首字母排序。

4. “开始”屏幕。“开始”屏幕为常用程序区域,它由一些方形磁贴组成,这些磁贴是启动常用程序的快捷方式图标,用户可以快速添加或删除磁贴。

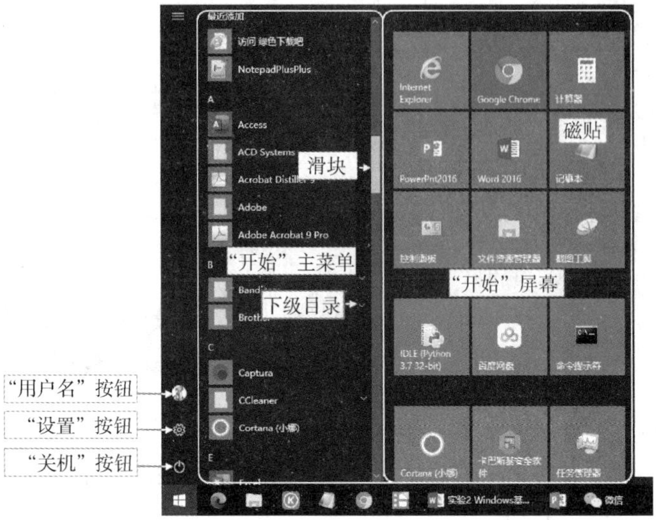

图1-1 "开始"菜单

案例2:在"开始"屏幕、桌面或任务栏添加程序图标

用户可以将程序图标添加到"开始"屏幕、桌面或任务栏中,以便快速执行程序。

◈操作步骤

1. 在"开始"屏幕中添加磁贴。

(1)单击"开始"按钮,在"开始"主菜单中找到需要添加的程序或项目。

(2)单击程序或项目的图标,将其拖动到"开始"屏幕的空白区域(没有磁贴的位置),可以看到磁贴自动插入合适的位置,应用程序就会形成磁贴图标,并且磁贴会自动排列,如图1-2所示。

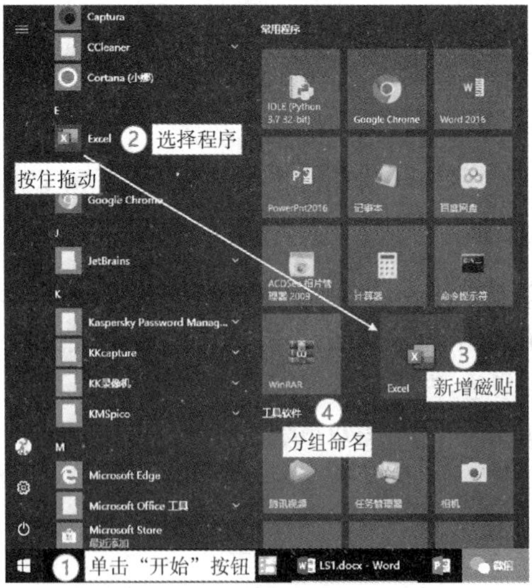

图1-2 增加新磁贴

(3)拖动"开始"屏幕中的磁贴,可以进行分组。将鼠标指针定位到分组的名称处并单击,可以对分组重命名。

(4)用户还可以设置磁贴的大小,方法是:右击磁贴,在弹出的快捷菜单中选择“调整大小”命令,然后根据需要选择合适大小。

(5)如果用户不喜欢某个磁贴,可以选择关闭该磁贴,方法是:右击磁贴,在弹出的快捷菜单中选择“从‘开始’屏幕取消固定”命令。

2. 将程序图标添加到桌面。

(1)单击“开始”按钮,在“开始”主菜单中找到需要添加到桌面的程序。

(2)将程序图标拖动到桌面的合适位置,就会在桌面上生成程序的快捷方式图标。

(3)可以根据需要修改快捷方式图标的名称以及图标大小,这并不会影响程序的正常运行。

注意:桌面上的程序图标是链接程序的快捷方式,而不是程序或项目本身,删除桌面图标只会删除这个图标,并不会删除程序本身。

3. 将程序图标固定到任务栏中。

(1)单击“开始”按钮,在“开始”主菜单中找到需要添加到任务栏的程序。

(2)右击程序图标,在弹出的快捷菜单中选择“更多”→“固定到任务栏”命令,如图 1-3 所示。

注意:任务栏的长度有限,不要在任务栏放置太多的快捷方式图标(不超过 10 个图标为宜)。

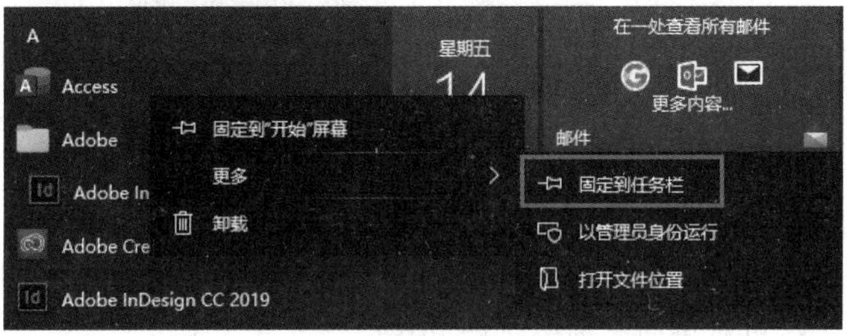

图 1-3　将程序图标固定到任务栏中

案例 3:管理桌面图标

用户可以根据需要管理桌面图标的大小及排序方式等。

◈操作步骤

1. 改变桌面图标的大小。

(1)在桌面的空白处右击,弹出快捷菜单。

(2)将鼠标指针指向“查看”命令,打开级联菜单,如图 1-4 所示。

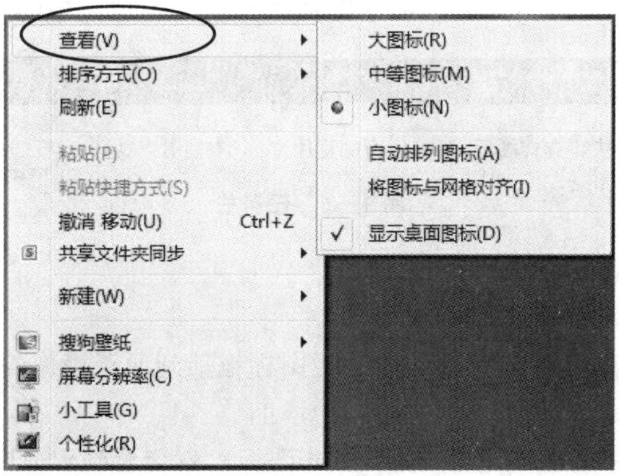

图 1-4　“查看”级联菜单

(3)选择相应命令,可对桌面图标是否显示及其显示大小等进行设置。

此外,单击桌面的任意位置,在按住 Ctrl 键的同时滚动鼠标滚轮,可直接改变桌面图标的大小。

2. 显示或隐藏桌面图标。

在桌面的空白处右击,在弹出的快捷菜单中选择或取消选择"查看"→"显示桌面图标"命令。

3. 设置桌面图标的排序方式。

(1)在桌面的空白处右击,弹出快捷菜单。

(2)将鼠标指针指向"排序方式"命令,打开级联菜单,如图 1-5 所示。

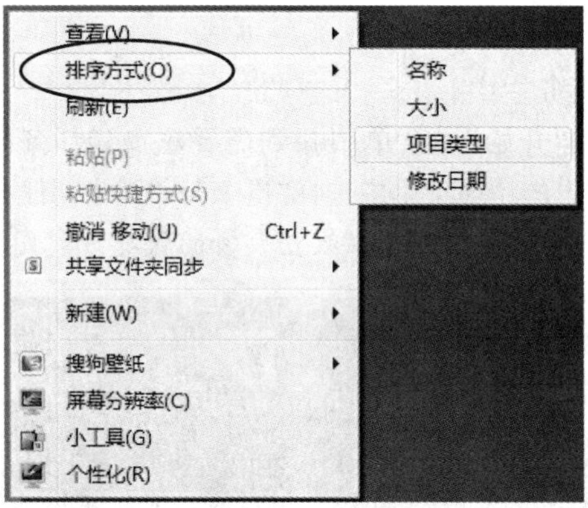

图 1-5 "排序方式"级联菜单

(3)选择相应命令,可对桌面图标的排序方式进行设置。

此外,当图 1-4 中的"自动排列图标"命令呈未选中状态时,用户可以直接拖动各个桌面图标到指定位置。

案例 4:整理任务栏

任务栏主要用于显示用户当前打开的程序窗口及系统后台运行的程序,如图 1-6 所示。用户可以使用任务栏图标对窗口进行还原、切换及关闭等操作。Windows 10 操作系统的任务栏集传统的快速启动工具栏的功能和任务栏的功能于一身,并且任务栏图标明显比以往操作系统中的任务栏图标都要大。单击任务栏图标会打开对应的程序,任务栏图标也转换为按钮外观,这样能够很容易地分辨出未启动程序的任务栏图标和运行中的程序窗口按钮。

图 1-6 任务栏

◈操作步骤

1. 对任务栏中的图标排序。

将任务栏中使用频率较高的程序的任务栏图标拖动到便于操作的位置。

2. 使用跳转列表。

右击任务栏的任意一个图标(此处是 Word 图标),就会看到Windows 10 操作系统的跳转列表，如图 1－7 所示。其中显示了 Word 应用程序中最近打开的项目和程序常规任务，供用户快速启动所需项目。

3. 任务栏图标的锁定和解锁。

可以添加使用频率较高的程序到任务栏或者执行相反操作。

（1）对未运行的程序，可以将程序的快捷方式图标直接拖动到任务栏或拖离任务栏。

（2）对一个运行中的程序，可以右击任务栏中的相应图标，再在跳转列表中选择“固定到任务栏”或“从任务栏取消固定”命令。

4. 设置任务栏属性。

（1）在任务栏的空白处右击，弹出快捷菜单。

（2）选择“任务栏设置”命令，打开“任务栏”设置窗口，如图 1－8 所示，可以设置任务栏的外观、位置，以及改变任务栏图标的显示方式。

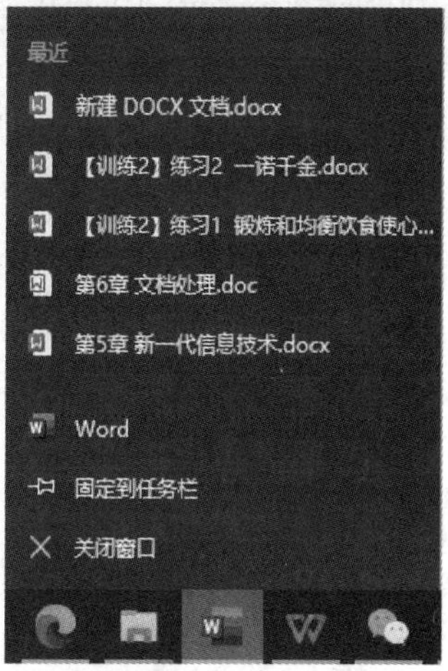

图 1－7　跳转列表

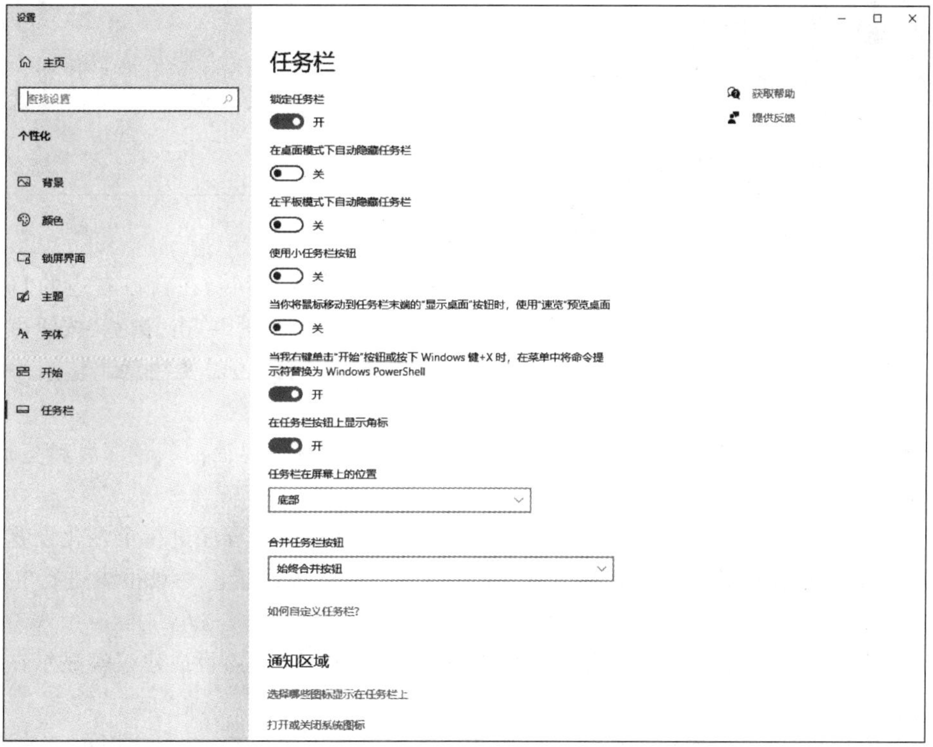

图 1－8　“任务栏”设置窗口

案例 5：桌面的个性化设置

Windows 10 操作系统的个性化设置包含对背景、颜色、锁屏界面、主题、字体、开始、任务栏的设置。按 Win＋D 快捷键显示桌面，在桌面的空白处右击，在弹出的快捷菜单中选择“个性化”命令，打开“个性化”设置窗口，如图 1－9 所示。

Windows 10 操作系统的个性化设置主要是完善计算机用户的视觉偏好和习惯操作。不同版本的 Windows 10 操作系统,其个性化设置的方式略有区别。

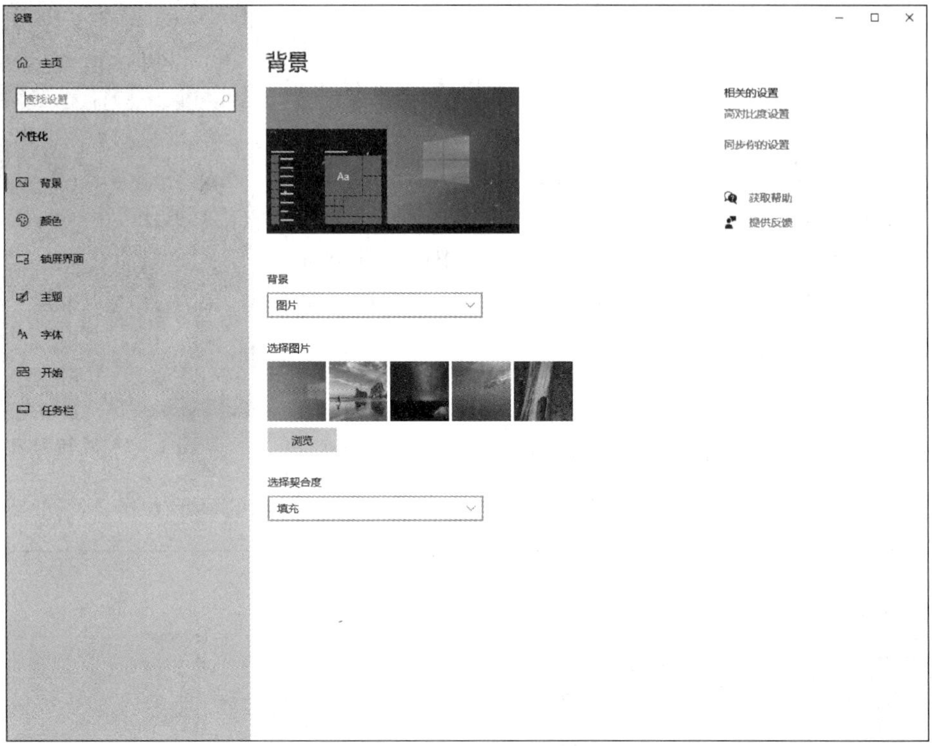

图 1-9 "个性化"设置窗口

1."背景"个性化设置。在"个性化"设置窗口中单击"背景"标签,在窗口右边的"背景"下拉列表框中,可以设置"图片""纯色""幻灯片放映"三种样式的背景,单击"浏览"按钮可以将本地图片设置为桌面背景。由于图片文件与屏幕分辨率不同,因此还需要注意调整图片的填充方式。

2."颜色"个性化设置。可以更改 Windows 操作系统和程序界面的颜色深浅和亮暗模式,使用频率较低。

3."锁屏界面"个性化设置。主要是对锁屏的图片和屏幕保护程序进行个性化设置。

4."主题"个性化设置。主要包括背景、颜色、声音、光标等设置。一般很少进行"主题"个性化设置。

5."开始"个性化设置。主要用于设置哪些文件夹、应用程序、项目或建议等显示在"开始"菜单中。

6."任务栏"个性化设置。主要包括设置任务栏在屏幕上的位置、是否使用小任务按钮、在平板模式下是否自动隐藏任务栏等。

1.3 验证性实验

1. 利用 Windows 10 操作系统的并排显示窗口功能校对文件。
2. 用两种不同的方法打开文件资源管理器,然后将其关闭。
3. 打开文件资源管理器,通过目录树(左侧窗格)及内容显示区(右侧主区域)两个不同区域的操作找到"C:\Windows"目录,并比较在两个区域中操作的不同。最后在此位置练习对多个文件的选定(连续文件、不连续文件、全部文件)。

4. 文件、文件夹及快捷方式的操作。

打开文件资源管理器之后,按题目要求到达相应位置(如"C:\Windows"目录),在内容显示区的空白处右击,在弹出的快捷菜单的"查看"级联菜单中选择一种查看方式。例如,选择"详细信息"命令,在此查看方式下可查看文件名称、修改日期、类型和大小等,如图 1-10 所示。单击该区域上方的选项,如"名称""修改日期""类型""大小",可以对文件按相应选项排序,这对用户查找文件有所帮助。

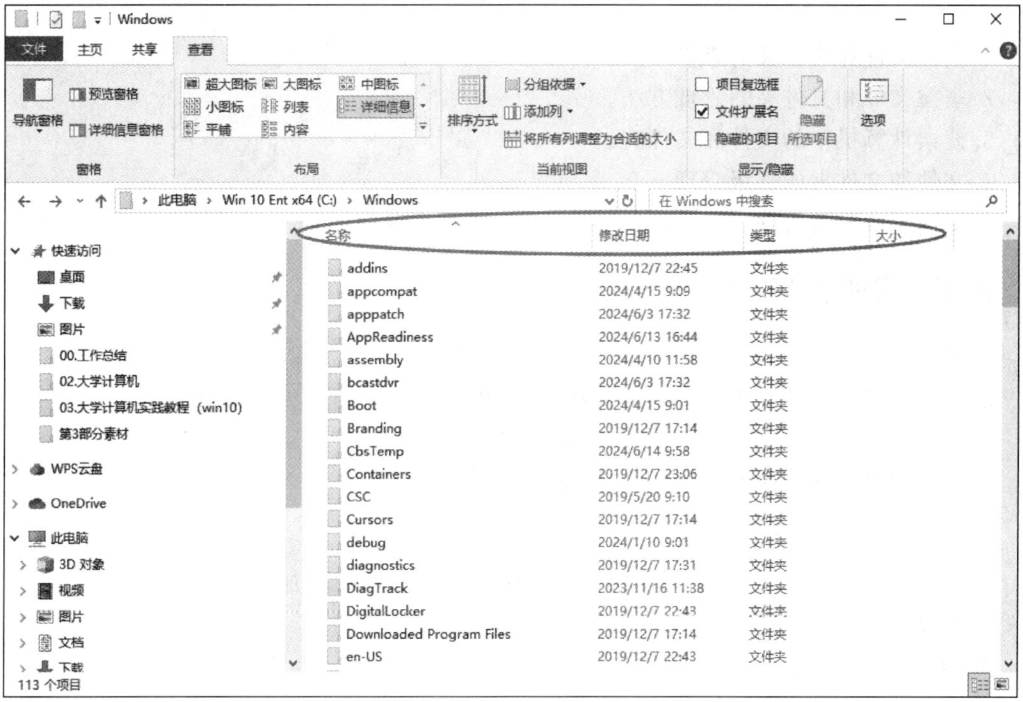

图 1-10 按"详细信息"方式查看文件

实验2 Windows 10 操作系统的文件管理

在操作系统中安装的各种应用程序及其信息和数据等,都是以文件形式保存在计算机中的。文件和文件夹的管理是使用计算机时必须掌握的基础操作。

2.1 实验目的

1. 掌握文件和文件夹的查看方法。
2. 掌握文件和文件夹的管理方法。
3. 搜索计算机中的文件和文件夹。
4. 文件和文件夹的高级管理。
5. 掌握回收站的管理。

2.2 实验内容

1. 整理计算机中的文件。
2. 删除计算机中的无用文件到回收站中,再清空回收站。
3. 使系统不显示计算机中重要的文件和文件夹。
4. 使用搜索功能搜索某个特定文件。

案例1:整理计算机中的文件

计算机在使用一段时间后,为了使计算机中的文件存放得更加有条理,便于查看和使用,需要定期对文件进行整理。

◈操作步骤

1. 建立分类文件夹。

创建如下文件目录结构。

```
F:\ ── 资料汇总 ┬─ 公司文件
               └─ 拍摄图片
```

(1)打开“此电脑”窗口,如图2-1所示,双击“文档(F:)”图标,进入F盘。

(2)单击“主页”选项卡“新建”组的“新建文件夹”按钮,新建一个空白文件夹。

(3)输入文件夹名称“资料汇总”,如图2-2所示。

(4)双击“资料汇总”文件夹,进入文件夹窗口中,重复步骤(2),再新建一个空白文件夹。

(5)选中“新建文件夹”文件夹,单击“主页”选项卡“剪贴板”组的“复制”按钮,如图2-3所示。

(6)单击“主页”选项卡“剪贴板”组的“粘贴”按钮,创建一个文件夹副本。

(7)逐次选中两个文件夹,在“主页”选项卡“组织”组中单击“重命名”按钮,将两个文件夹分别命名为“公司文件”和“拍摄图片”,效果如图2-4所示。

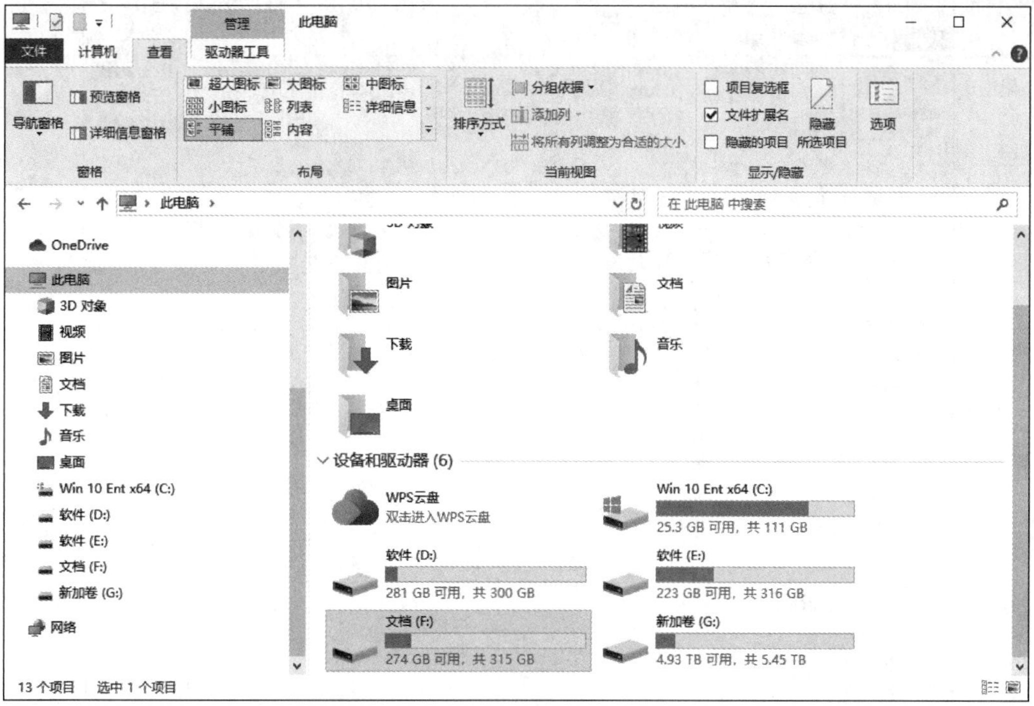

图 2－1　“此电脑”窗口

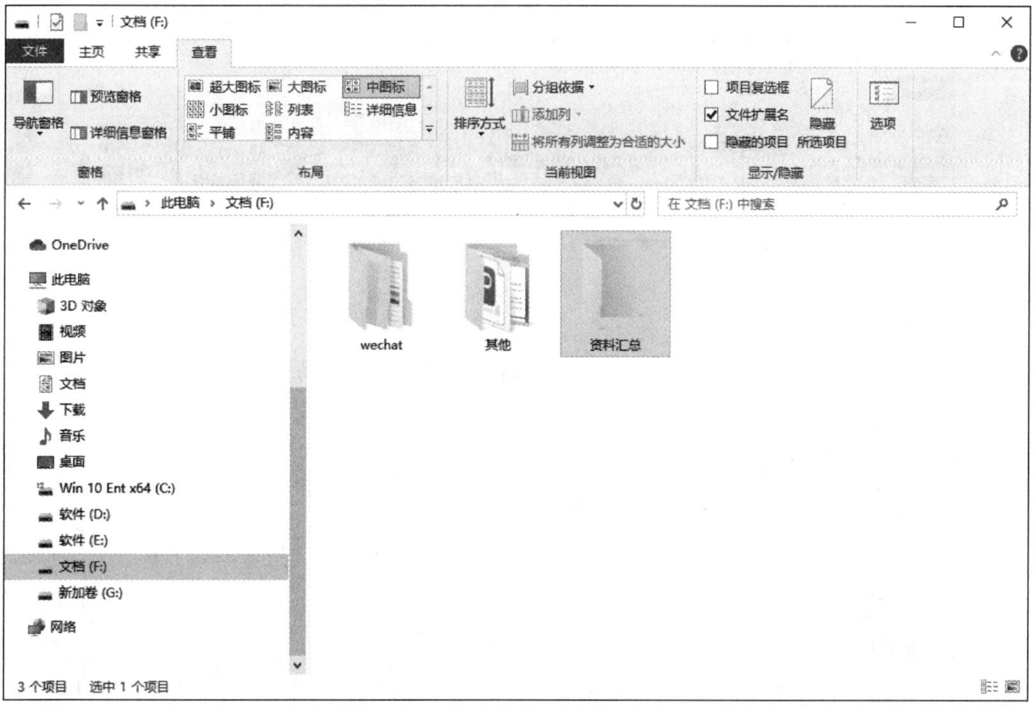

图 2－2　“文档(F:)”窗口

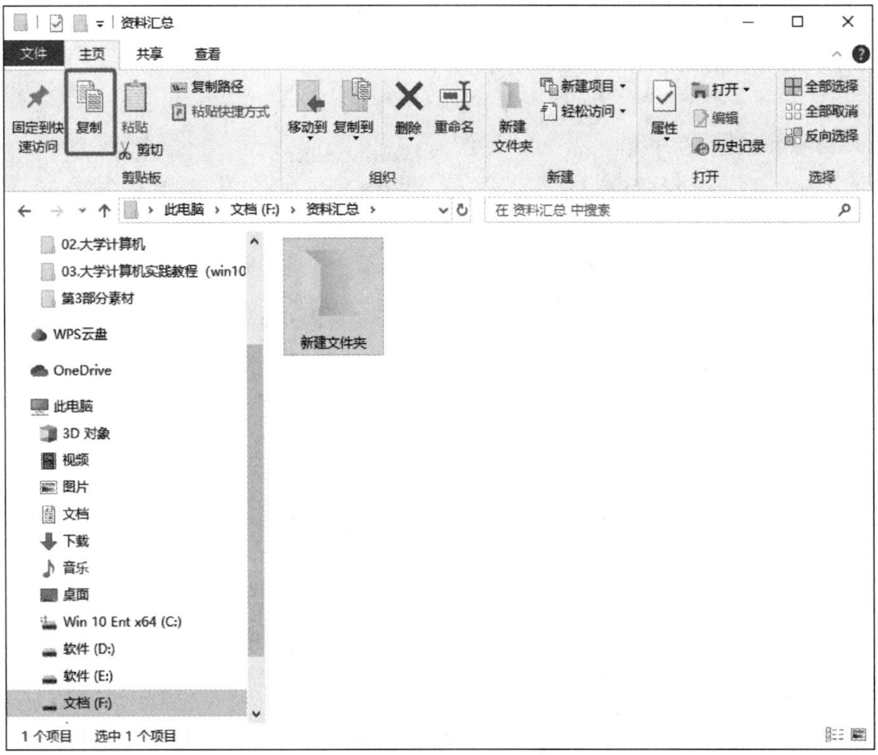

图 2－3 复制选中的文件夹

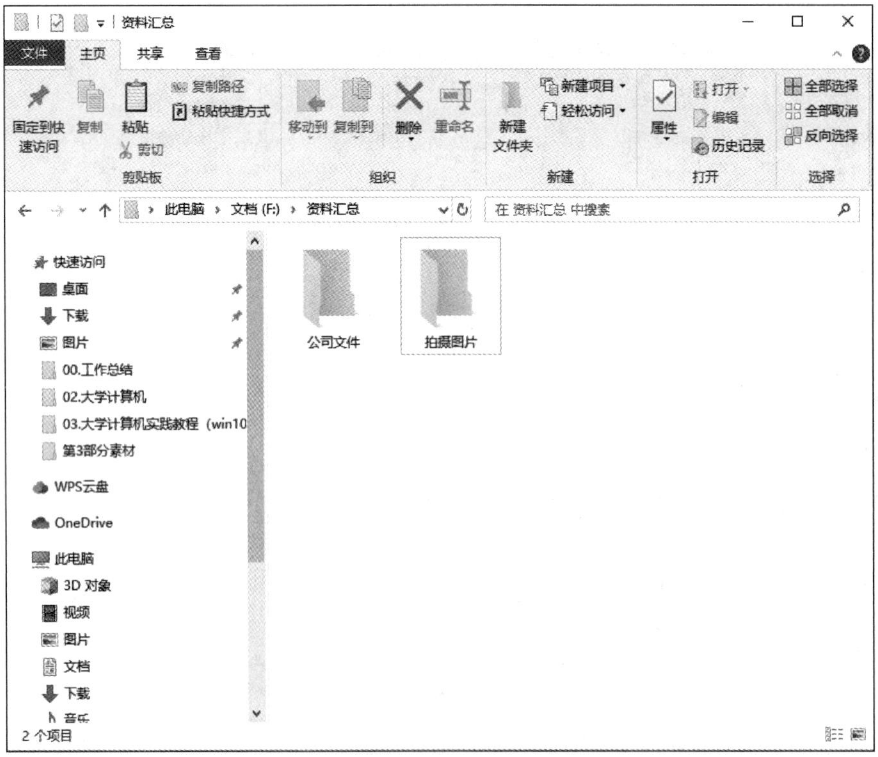

图 2－4 创建两个新文件夹并重命名

2. 查找要分类存放的零散文件。

通配符是一种特殊符号，有星号(＊)和问号(?)两种，它们用来模糊匹配字符，在查找文件时，可以用来代替文件名中的一个或多个字符。一个问号代表一个字符，星号匹配字符的数量不受限制。当不知道文件名全称或者不想输入完整的文件名时，可以使用通配符。

下面搜索 F 盘中所有的图片文件。

(1)单击地址栏中的“文档(F:)”选项，返回如图 2－2 所示窗口。

(2)在搜索框中输入＊.jpg，将自动筛选出 F 盘中所有的 JPG 格式的图片文件，如图 2－5 所示。

图 2－5　在 F 盘中搜索 JPG 格式的图片文件

(3)在“搜索工具”→“搜索”选项卡中，单击“优化”组的“大小”下拉按钮，在下拉列表中选择“小(16 KB～1 MB)”选项，如图 2－6 所示，即可搜索出文件大小为 16 KB～1 MB 的图片文件。

3. 移动文件到对应的文件夹中。

(1)在搜索结果列表中拖动鼠标框选要移动的图片文件。

(2)单击“主页”选项卡“剪贴板”组的“剪切”按钮，如图 2－7 所示。

(3)进入前面创建的“拍摄图片”文件夹。

(4)单击“主页”选项卡“剪贴板”组的“粘贴”按钮，即可将剪切的图片全部移动到该文件夹中，也就完成了图片的移动。

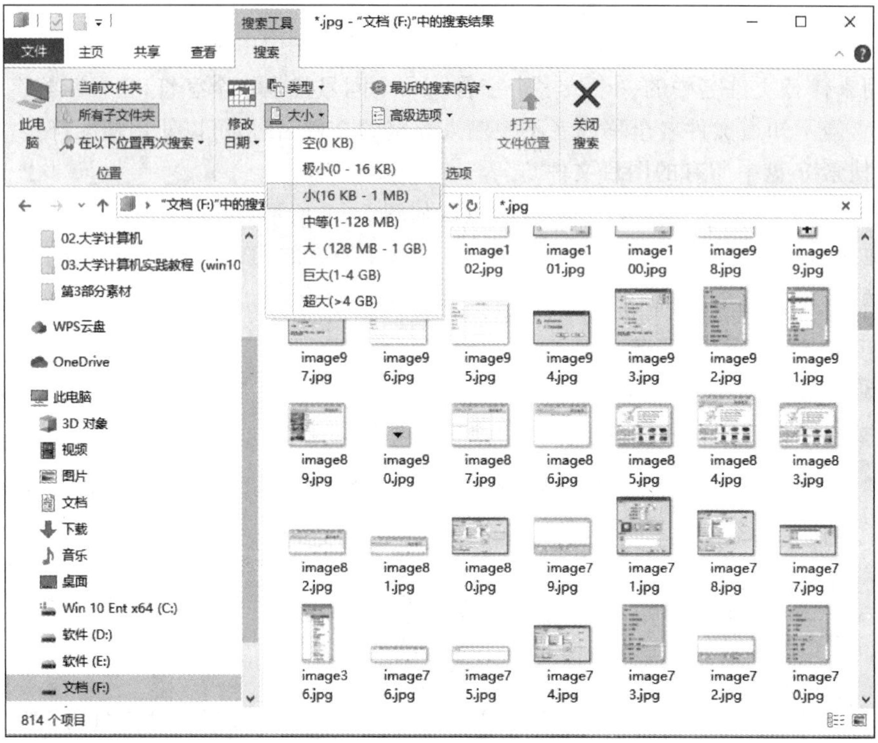

图 2－6　在搜索结果中按大小再次筛选

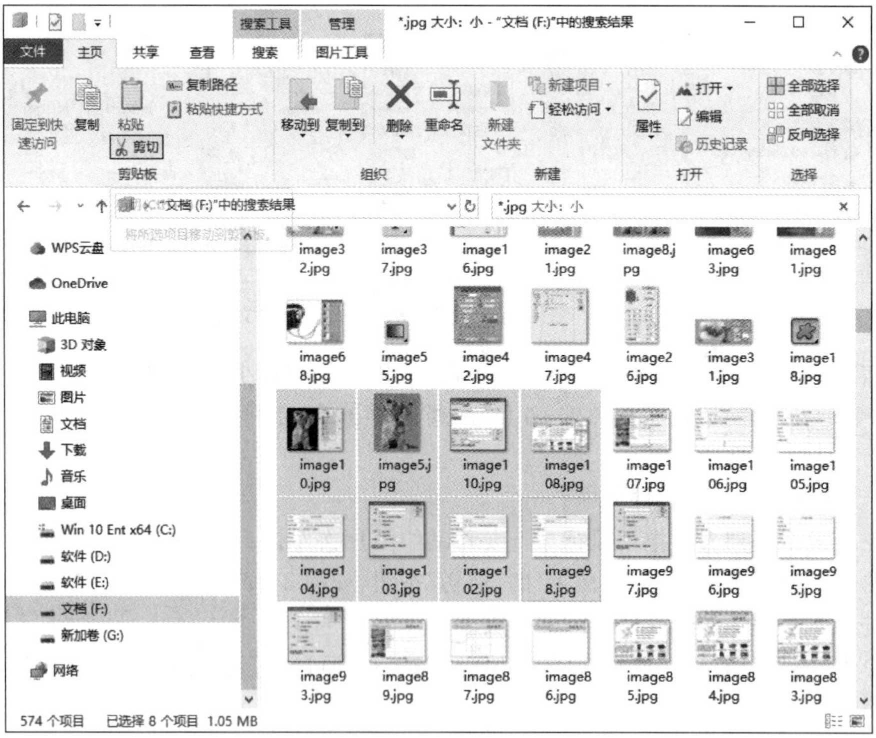

图 2－7　在 F 盘中剪切图片文件

在如图 2－8 所示窗口的预览窗格中所显示的图片，是窗口中已选定文件的预览效果（可通过单击“查看”选项卡“窗格”组的“预览窗格”按钮显示或隐藏预览窗格）。

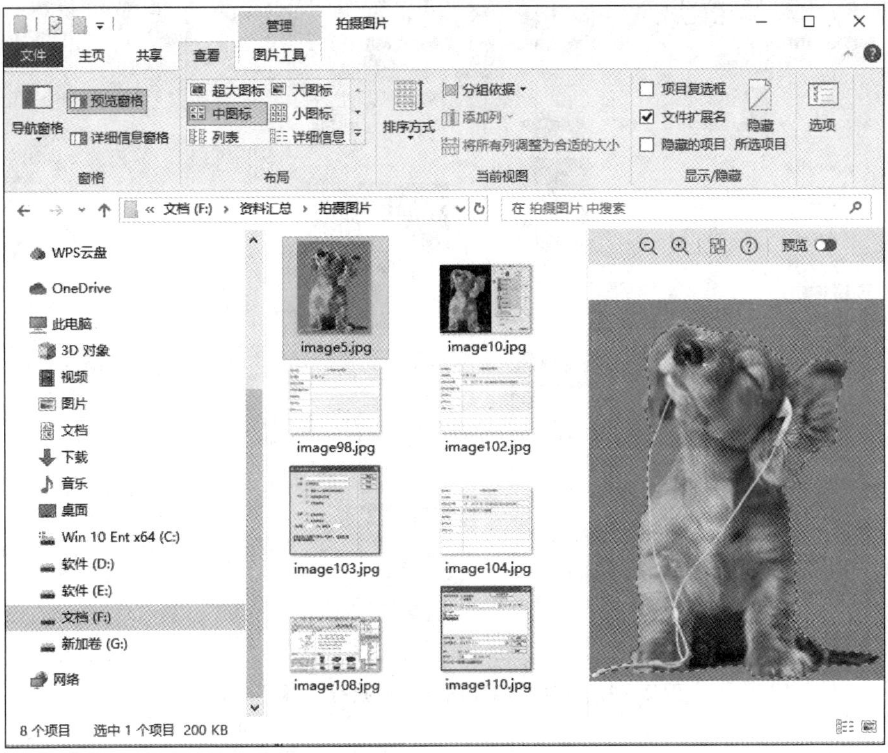

图 2－8　文件夹窗口及其预览窗格

案例 2：删除无用的文件和文件夹

在使用计算机的过程中，及时清理计算机中的无用文件和文件夹是非常有必要的，这样既有利于提高文件的管理效率，又可以节省计算机的存储空间。

◈操作步骤

1. 删除文件和文件夹到回收站中。

（1）打开文件夹窗口，选中一个或多个要删除的文件或文件夹。

（2）单击“主页”选项卡“组织”组的“删除”按钮，如图 2－9 所示，即可将选中的文件或文件夹移动到回收站中。

2. 彻底删除文件和文件夹。

（1）打开“回收站”窗口，如图 2－10 所示。

（2）单击“管理”→“回收站工具”选项卡“管理”组的“清空回收站”按钮，将彻底删除回收站中的所有文件和文件夹。

（3）若只需单独删除某个文件或文件夹，则选中某个文件或文件夹后右击，在弹出的快捷菜单中选择“删除”命令，此时将弹出“删除文件”对话框，如图 2－11 所示，单击“是”按钮即可将所选中的文件或文件夹彻底删除。

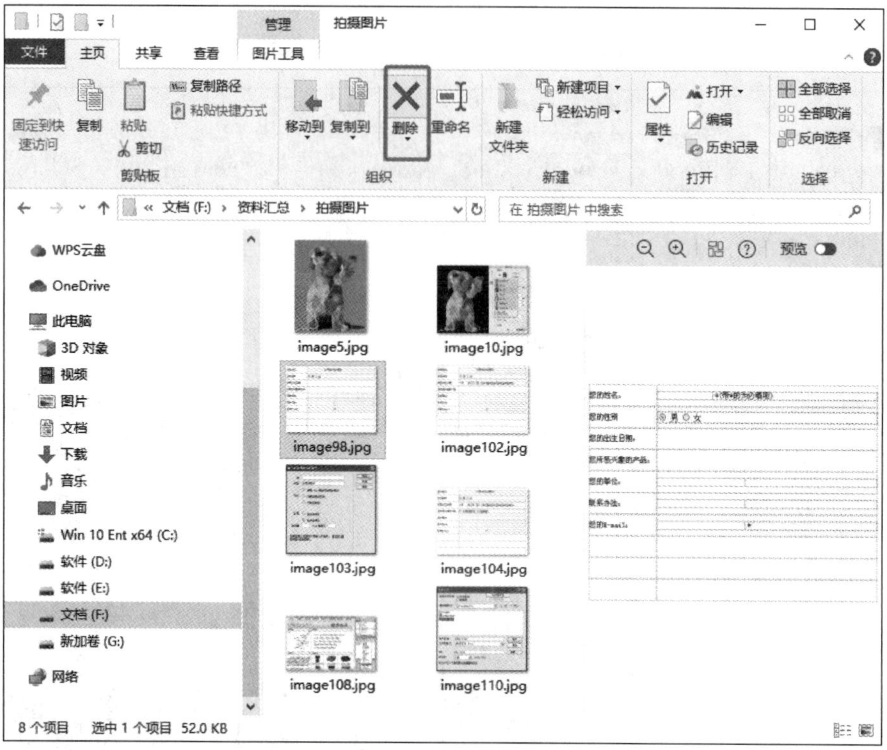

图 2－9 选择待删除的文件并执行"删除"命令

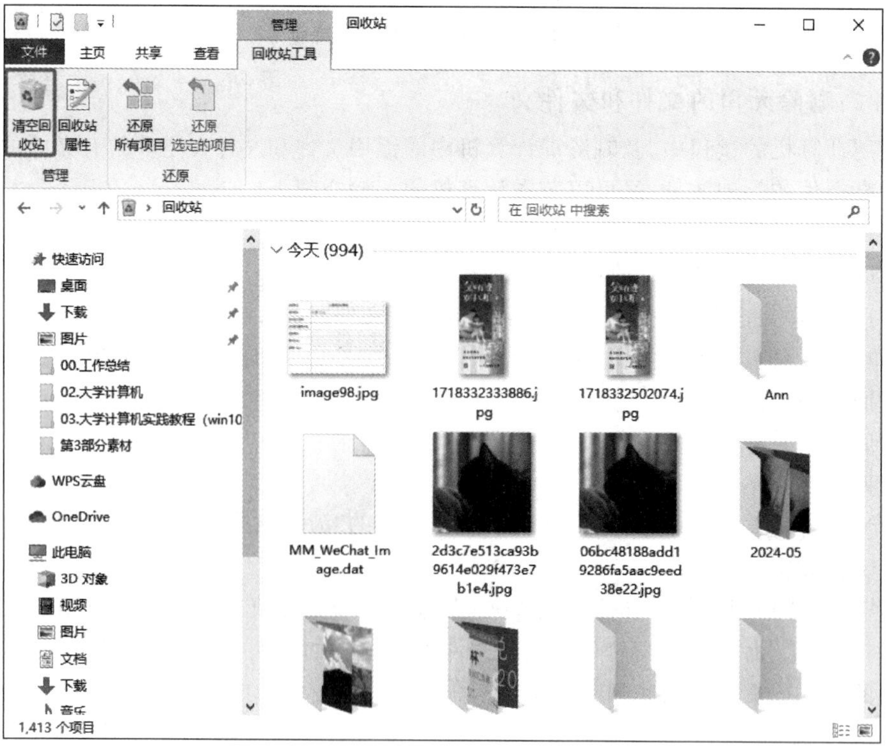

图 2－10 "回收站"窗口

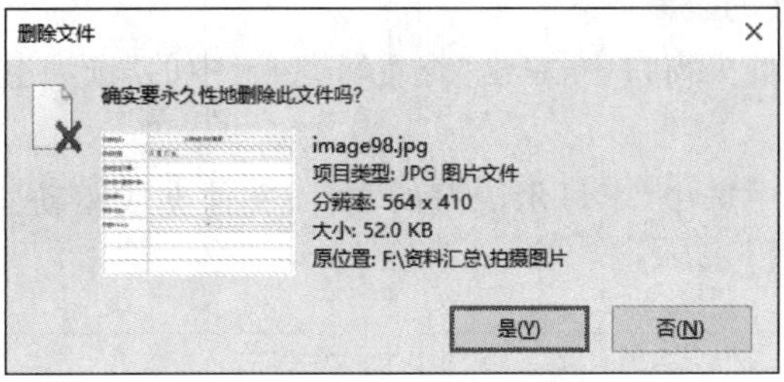

图 2 - 11 "删除文件"对话框

案例 3:设置系统不显示计算机中重要的文件和文件夹

对于计算机中的重要文件和文件夹,为了防止他人查看或修改,可以将其隐藏起来,并使所有计算机用户均无法看到被隐藏的文件和文件夹。隐藏文件夹时,还可以选择仅隐藏文件夹,或者将文件夹中的文件与子文件夹全部隐藏。

◈操作步骤

1. 设置隐藏属性。

(1)打开 F 盘的"资料汇总"文件夹窗口,右击要隐藏的"拍摄图片"文件夹,弹出快捷菜单。

(2)选择"属性"命令,打开"拍摄图片 属性"对话框,如图 2 - 12 所示。

(3)在"常规"选项卡中勾选"隐藏"复选框,如图 2 - 13 所示。

图 2 - 12 "拍摄图片 属性"对话框(1)

图 2 - 13 "拍摄图片 属性"对话框(2)

(4)单击"确定"按钮,在弹出的"确认属性更改"对话框中根据需要进行选择,单击"确定"按钮,完成设置。

2. 更改文件和文件夹的查看方式。

(1)在"资料汇总"文件夹窗口中,单击"查看"选项卡中的"选项"按钮,打开"文件夹选项"对话框,如图2-14所示。

(2)在"查看"选项卡中选中"不显示隐藏的文件、文件夹或驱动器"单选按钮,如图2-15所示。

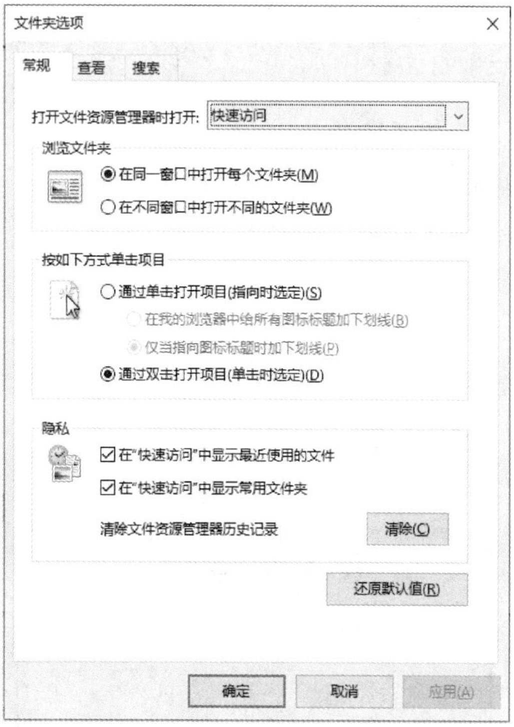

图2-14 "文件夹选项"对话框

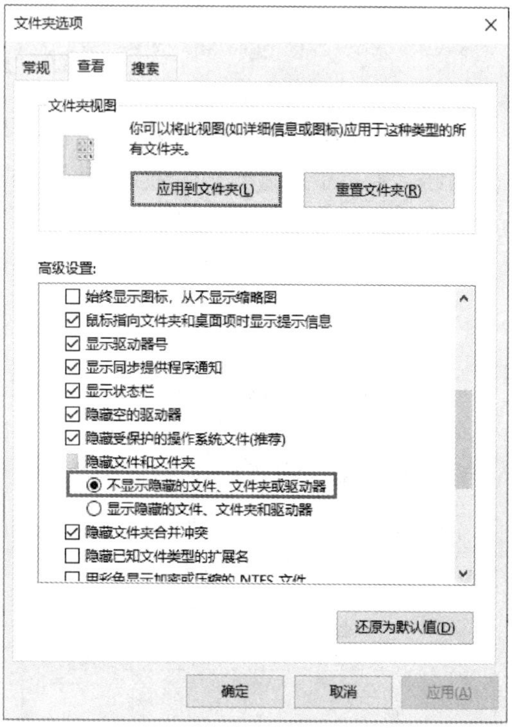

图2-15 "文件夹选项"对话框的"查看"选项卡

(3)单击"确定"按钮,完成设置。

3. 查看设置效果。

返回"资料汇总"文件夹窗口,可以看到设置了隐藏属性的"拍摄图片"文件夹已经不在窗口中显示了。

案例4:使用搜索功能搜索某个特定文件和文件夹

随着计算机中的文件和文件夹越来越多,用户在查看指定文件时如果忘记了文件名及其保存位置,就很难找到需要的文件,这时可以通过Windows 10操作系统提供的搜索功能来快速搜索计算机中的文件和文件夹。

◈操作步骤

(1)打开"此电脑"窗口。

(2)在搜索框中输入要搜索的关键字的第一个字符,窗口中立刻自动筛选出包含该字符的文件和文件夹。

(3)继续输入字符并完善关键字,系统会根据输入的内容自动搜索文件和文件夹名称中包含该关键字的所有文件和文件夹,并显示相关信息,如图2-16所示。

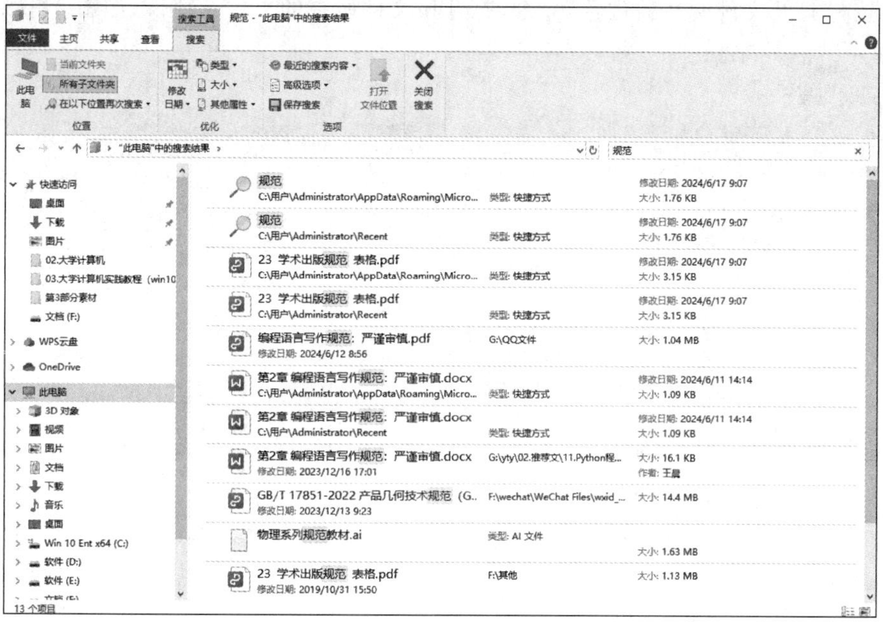

图 2－16　在搜索框中输入关键字“规范”

(4)右击文件或文件夹，弹出快捷菜单，如图 2－17 所示。

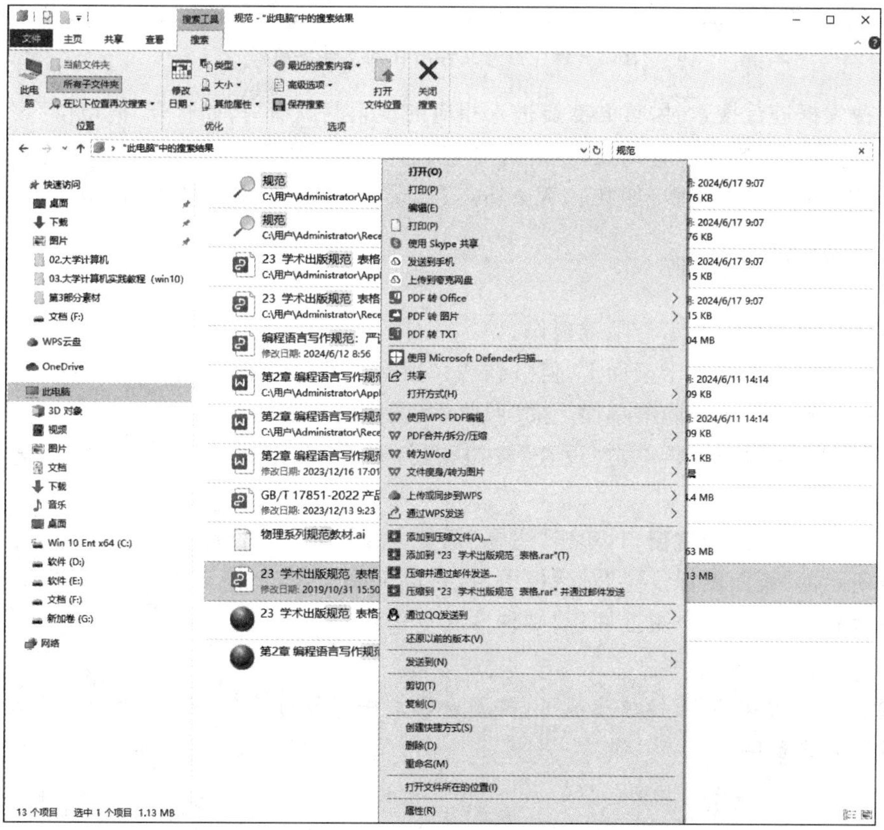

图 2－17　快捷菜单

(5)选择“打开文件所在的位置”命令,打开该文件所在的文件夹窗口,如图2-18所示。

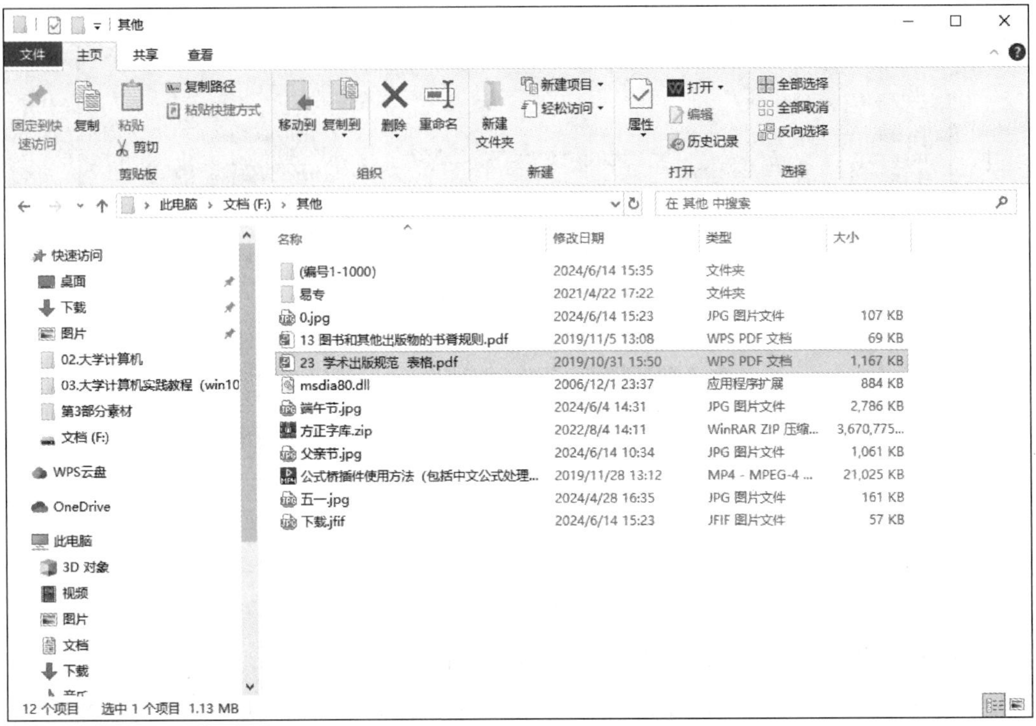

图2-18 打开文件所在的文件夹窗口

通过搜索框进行搜索时,首先需要进入相应的搜索范围窗口,如打开“此电脑”窗口直接进行搜索,那么搜索范围为所有磁盘;若进入D盘进行搜索,则搜索范围为整个D盘;同样,如果进入下级文件夹中进行搜索,如“C:\Windows”目录,则要先进入C盘的Windows文件夹。

2.3 验证性实验

1. 常用桌面图标的显示与隐藏操作。

“回收站”图标通常位于桌面上,但“回收站”图标也可以被隐藏。同样,其他常用的桌面图标也可以被隐藏。显示或隐藏桌面上的“回收站”图标的步骤如下。

(1)单击“开始”按钮,再单击“设置”按钮,在打开的“设置”窗口中单击“个性化”选项,如图2-19所示。

(2)打开“个性化”设置窗口,单击“主题”标签,然后单击“桌面图标设置”选项,在打开的如图2-20所示的“桌面图标设置”对话框中,执行以下操作:若要隐藏某个桌面图标,则取消勾选其复选框;若要显示某个桌面图标,则勾选其复选框。

(3)单击“确定”按钮。

注意:即使“回收站”图标被隐藏了,被删除的文件仍暂时存储在回收站中,直到用户选择将其恢复或永久删除。

图 2－19　在“设置”窗口中单击“个性化”选项

图 2－20　“桌面图标设置”对话框

2. 在桌面上新建若干个文件夹，分别设定不同的名称，而后将桌面上的文件分门别类地放置到这些文件夹中。

实验3 使用 Windows 10 操作系统的附带工具

3.1 实验目的

Windows 10 操作系统中附带了很多实用的工具,这些工具能够满足用户的各种日常需求。因此,即使计算机中没有安装其他软件,用户也能通过系统附带的工具实现基本操作。

3.2 实验内容

1. 掌握数学输入面板的使用。
2. 掌握录音机的使用。
3. 掌握截图工具的使用。
4. 掌握写字板的使用。

案例 1:使用数学输入面板将表达式 $y=\frac{2}{\sqrt{\pi}}\int_{0}^{\frac{1}{2}}e^{-x^2}dx$ 插入 Word 2016 文档中

数学输入面板是 Windows 10 操作系统附带的一个工具,如图 3-1 所示,它使用内置于 Windows 10 操作系统的数学识别器识别用户书写的数学表达式,而且可以将识别的数学表达式插入文字处理软件或计算程序中。

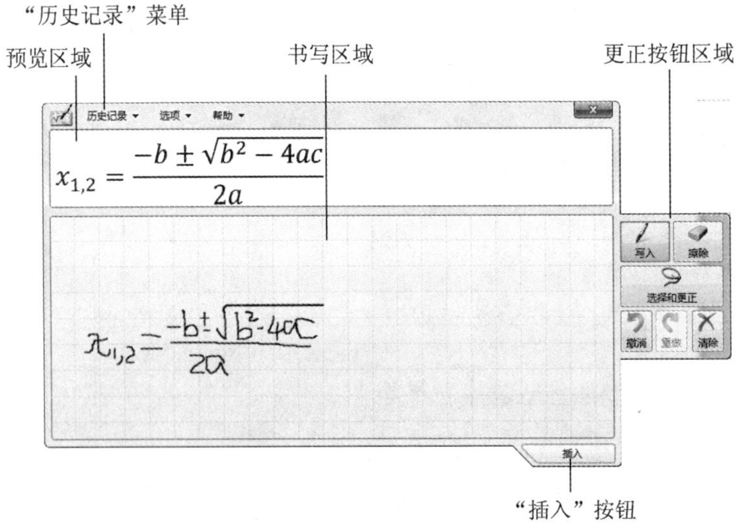

图 3-1 数学输入面板

◆操作步骤

1. 在"开始"菜单中选择"Windows 附件"→"数学输入面板"命令,打开"数学输入面板"窗口,如图 3-2 所示。

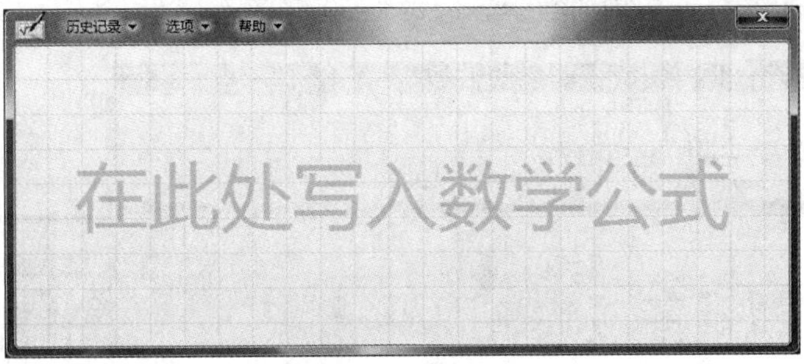

图 3－2　“数学输入面板”窗口

2. 在书写区域书写格式正确的数学表达式。

(1)用鼠标在书写区域中书写完整的数学表达式，如图 3－3 所示，从其预览区域中可以看到书写识别效果是有误差的。

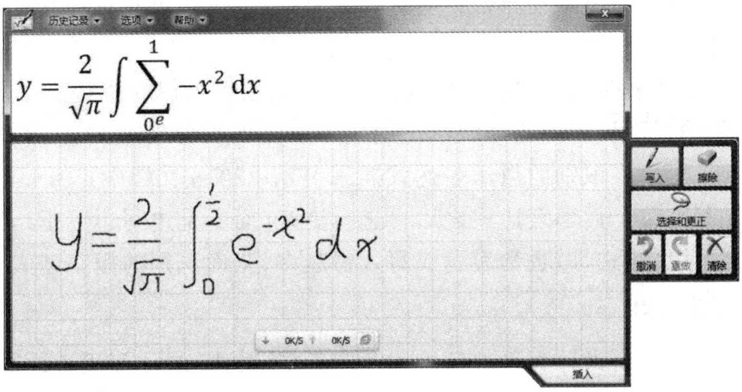

图 3－3　在数学输入面板的书写区域中书写完整的数学表达式

(2)单击更正按钮区域中的“选择和更正”按钮，然后在书写区域中标记(单击或画圆圈选定被错误识别的表达式)需要修改的部分。被标记的部分会显示为红色且包含在虚线框内，同时显示相似符号选择列表，如图 3－4 所示。

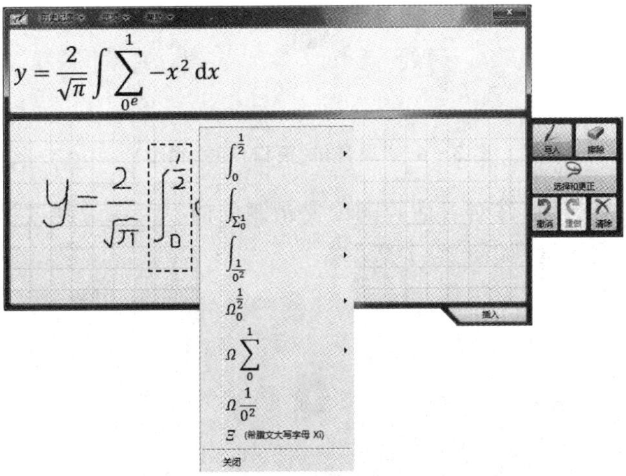

图 3－4　显示相似符号选择列表

(3)选择正确的符号后,识别的数学表达式会显示在预览区域,如图 3-5 所示。

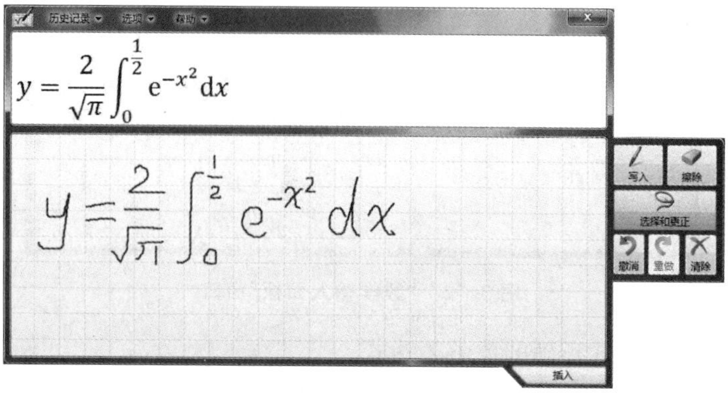

图 3-5 在数学输入面板中显示公式

(4)如果书写的内容不显示在相似符号选择列表中,也可以单击“擦除”按钮和“写入”按钮改写选定的表达式。

3. 打开要插入数学表达式的 Word 2016 文档,并确定插入点的位置。

4. 当确认数学输入面板的预览区域中正确显示所需的数学表达式后,单击数学输入面板下方的“插入”按钮,可以将识别的数学表达式插入 Word 2016 文档中。

说明:如果在写完整个数学表达式之后再进行更正(而不是边写边更正),则很可能会正确地识别所输入的数学表达式,即数学表达式写入得越多,正确识别的概率越大。

案例 2:使用录音机

使用录音机,首先需要为计算机准备话筒及音箱(或耳麦)。话筒用于录制声音,音箱用于播放声音。

◈操作步骤

1. 在“开始”菜单的程序列表中选择“录音机”命令,打开“录音机”窗口,如图 3-6 所示。

图 3-6 “录音机”窗口(初始状态)

2. 单击“开始录制”按钮,并对着话筒朗读要录制的内容。在录制过程中,工具条中将显示声音的录制长度及录制进度,如图 3-7 所示。

图 3-7 “录音机”窗口(录制状态)

3. 单击“停止录制”按钮，则录制完毕。

4. 录制完成后，可以单击“播放”按钮试听录音效果，右击录音文件，弹出快捷菜单，如图 3－8所示，可以对文件进行重命名、查看文件的保存位置等操作。

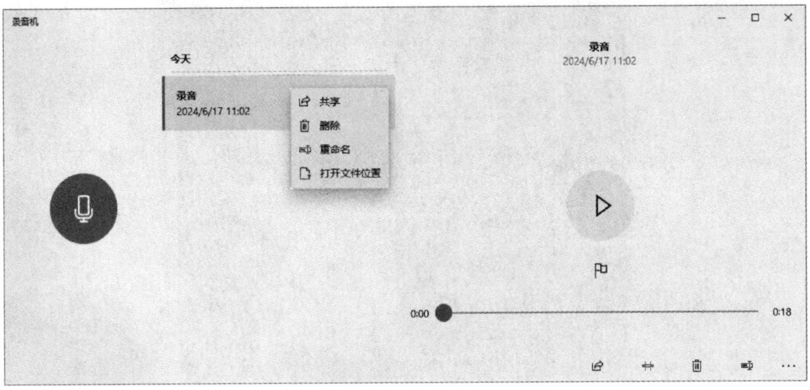

图 3－8 “录音机”窗口(完成状态)

5. 录音机所录制的声音文件的扩展名是“. m4a”，可以使用 Windows Media Player 或其他音乐播放软件播放录制的声音文件。

案例 3：使用截图工具

截图工具是 Windows 10 操作系统自带的一款用于截取屏幕图像的工具。截图工具能够将屏幕中显示的内容截取为图片，并保存为文件或将其复制到其他文件中。

◈**操作步骤**

1. 在“开始”菜单中选择“Windows 附件”→“截图工具”命令，打开“截图工具”窗口，如图 3－9 所示。

图 3－9 “截图工具”窗口

截图工具提供了 4 种截图模式，分别为“任意格式截图”“矩形截图”“窗口截图”“全屏幕截图”，如图 3－10 所示。

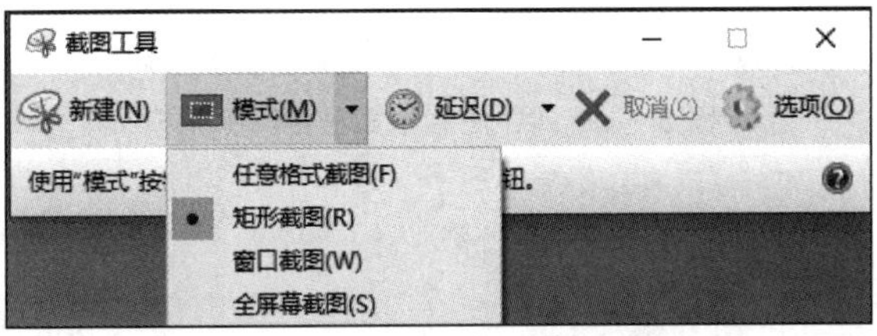

图 3－10 截图工具的 4 种截图模式

2. 在如图 3－10 所示的窗口中，在“模式”下拉列表中选择其中一种截图模式，或者单击“新建”按钮进行截图。

3. 截取任意格式的图片。

(1)在如图3-10所示的窗口中选择“任意格式截图”模式,此后鼠标指针呈剪刀状。

(2)拖动鼠标在图片窗口中绘制线条,框选要截图的范围,如图3-11所示。

图3-11 拖动鼠标框选截图范围

(3)释放鼠标,即可将选取范围内的内容截取为图片并显示在“截图工具”窗口中,结果如图3-12所示。

图3-12 以“任意格式截图”的结果

(4)保存图片文件。

4. 截取矩形区域的图片。

(1)在如图3-10所示的窗口中选择“矩形截图”模式,此后鼠标指针呈十字形。

(2)拖动鼠标在图片窗口中绘制矩形,框选要截图的范围,如图3-13所示。

(3)释放鼠标,即可将选取范围内的内容截取为图片并显示在“截图工具”窗口中,结果如图3-14所示。

(4)保存图片文件。

图 3－13　绘制矩形框选截图范围

图 3－14　以“矩形截图”的结果

5. 截取窗口。

(1)在如图 3－10 所示的窗口中选择“窗口截图”模式，此后鼠标指针呈手形。

(2)用鼠标指向图片窗口并单击，即可将所选窗口截取为完整的图片，结果如图 3－15 所示。

图 3－15　以“窗口截图”的结果

(3)保存图片文件。

6. 截取全屏幕。

(1)在如图 3 - 10 所示的窗口中选择“全屏幕截图”模式，整个显示器屏幕中的图像(见图 3 - 16)就会自动被截取并显示在“截图工具”窗口中。

图 3 - 16　以“全屏幕截图”模式截取整个屏幕

(2)保存图片文件。

案例 4:使用写字板工具

利用 Windows 10 操作系统自带的写字板工具，可以创建和编辑复杂格式的文档。下面以写字板为例，练习窗口、菜单和对话框的基本操作。

◈操作步骤

1. 单击“开始”按钮，打开“开始”菜单。

2. 在程序列表中选择“Windows 附件”→“写字板”命令，打开“写字板”窗口，如图 3 - 17 所示。

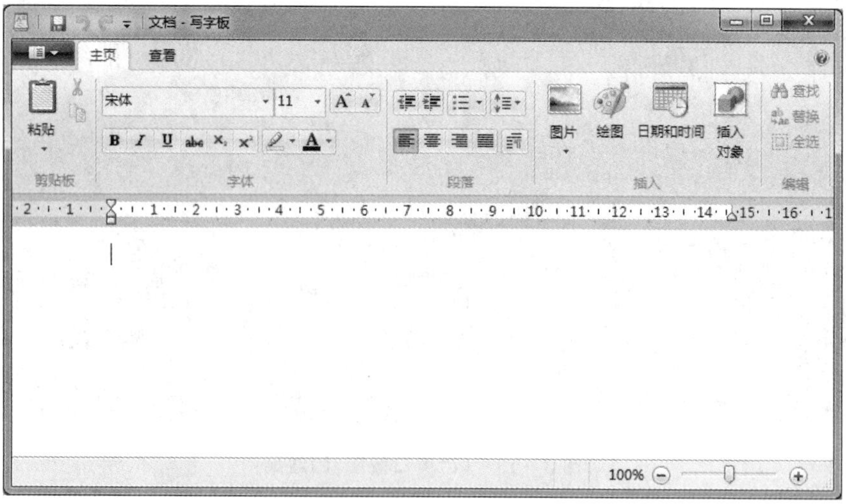

图 3 - 17　“写字板”窗口

3. 拖动窗口的标题栏，在屏幕上移动窗口。

4. 分别拖动标题栏至窗口左边界、右边界、顶部及窗口的普通区域，观察窗口的大小变化及还原情况。

5. 用双击标题栏、使用窗口右上角的按钮等多种方法，尝试改变窗口的大小。

6. 单击窗口左上角的“文件”按钮，在菜单中选择“打开”命令，打开“打开”对话框，在导航窗格中选择D盘，并在搜索框中输入文件扩展名“.rtf”(这是写字板支持的多种文件类型中的一种)，如图3-18所示。

打开
"软件 (D:)"中的搜索结果
.rtf
组织
OneDrive
此电脑
3D 对象
视频
图片
文档
下载
音乐
桌面
Win 10 Ent x64
软件 (D:)
软件 (E:)
文档 (F:)
新加卷 (G:)
一诺千金.rtf
大小: 4.78 KB
修改日期: 2024/6/17 14:23
在以下位置再次搜索:
库
此电脑
自定义...
文件内容
没有预览。
文件名(N):
一诺千金.rtf
所有写字板文档 (*.rtf, *.docx,
打开(O)
取消

图3-18 按扩展名搜索文件

7. 在搜索结果中选择一个写字板文档并打开，如图3-19所示。

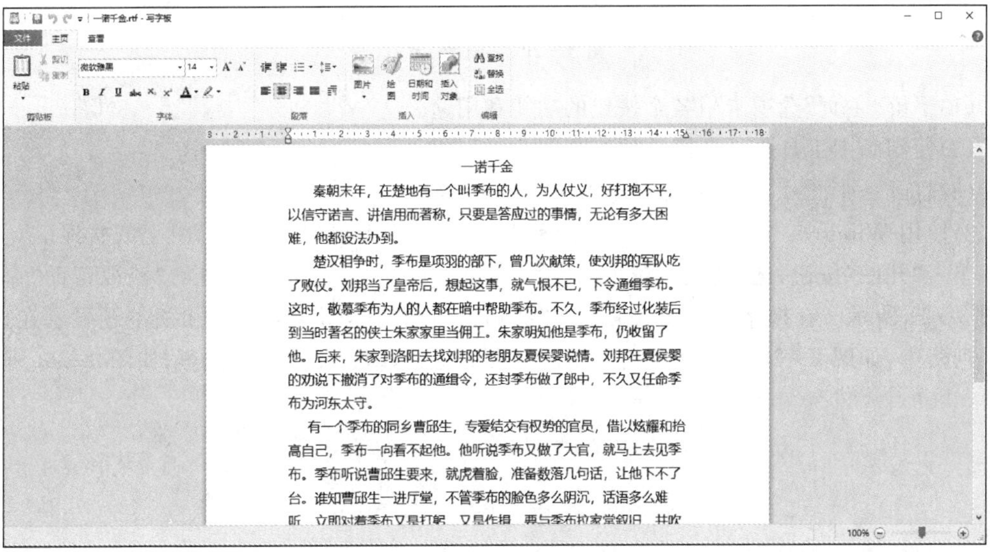
一诺千金
秦朝末年，在楚地有一个叫季布的人，为人仗义，好打抱不平，以信守诺言、讲信用而著称，只要是答应过的事情，无论有多大困难，他都设法办到。
楚汉相争时，季布是项羽的部下，曾几次献策，使刘邦的军队吃了败仗。刘邦当了皇帝后，想起这事，就气恨不已，下令通缉季布。这时，敬慕季布为人的人都在暗中帮助季布。不久，季布经过化装后到当时著名的侠士朱家家里当佣工。朱家明知他是季布，仍收留了他。后来，朱家到洛阳去找刘邦的老朋友夏侯婴说情。刘邦在夏侯婴的劝说下撤消了对季布的通缉令，还封季布做了郎中，不久又任命季布为河东太守。
有一个季布的同乡曹邱生，专爱结交有权势的官员，借以炫耀和抬高自己，季布一向看不起他。他听说季布又做了大官，就马上去见季布。季布听说曹邱生要来，就虎着脸，准备数落几句话，让他下不了台。谁知曹邱生一进厅堂，不管季布的脸色多么阴沉，话语多么难听
100%

图3-19 打开指定的写字板文档

8. 再次单击“文件”按钮,在菜单中选择“页面设置”命令,打开“页面设置”对话框,设置纸张大小、纸张方向及页边距等参数,单击“确定”按钮。

9. 单击“写字板”窗口中右上角的“关闭”按钮,关闭该窗口。

3.3 验证性实验

1. 使用画图工具。

在“开始”菜单中,选择“Windows 附件”→“画图”命令,打开“画图”窗口,如图 3-20 所示。

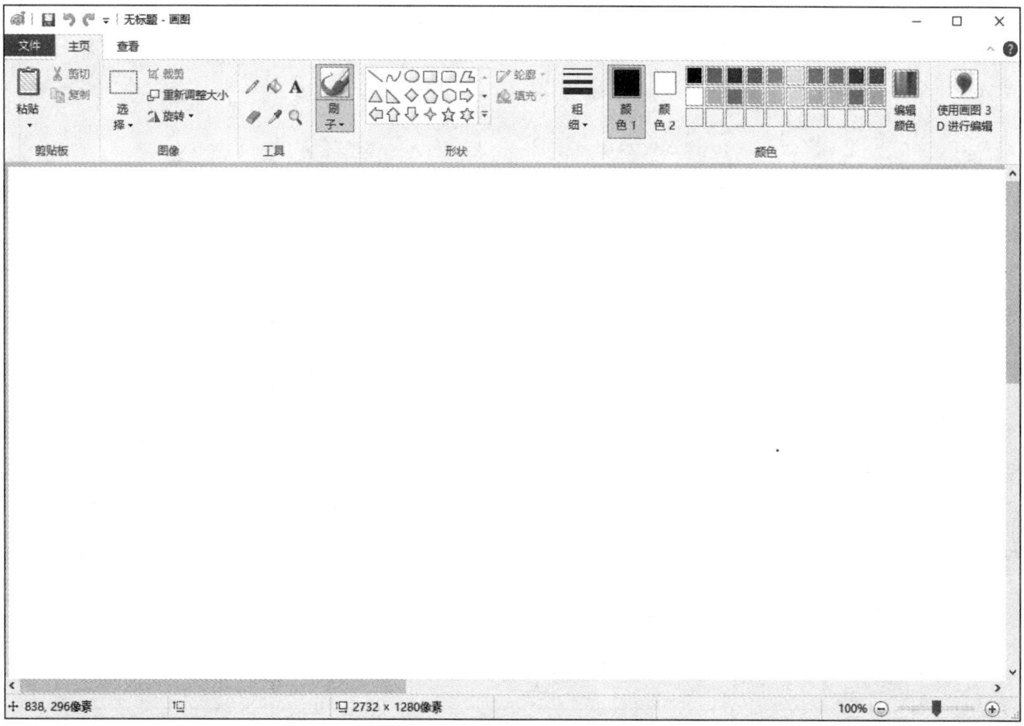

图 3-20 “画图”窗口

(1)了解“主页”选项卡中各个按钮的功能和用途。

(2)使用画图工具画一个简单的流程图。

(3)打开一张图片,并对图片简单地进行编辑。

2. 使用 Windows 10 操作系统的帮助和支持功能,学习如何共享计算机上的文件。

单击“开始”按钮,选择“获取帮助”命令,打开 Windows 10 操作系统的“获取帮助”窗口,如图 3-21 所示。在搜索框中输入关键字“剪贴板”进行搜索,搜索到的相关主题显示在搜索结果列表中,如图 3-22 所示。单击其中所需要的主题,即可显示相关内容,如图 3-23 所示。

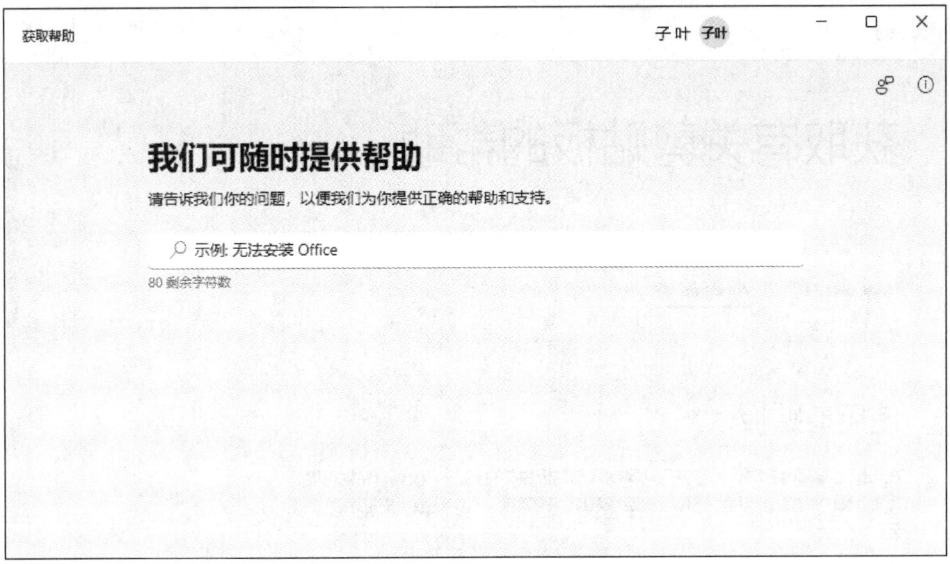
获取帮助
子叶 子叶
我们可随时提供帮助
请告诉我们你的问题，以便我们为你提供正确的帮助和支持。
示例: 无法安装 Office
80 剩余字符数

图 3－21　“获取帮助”窗口

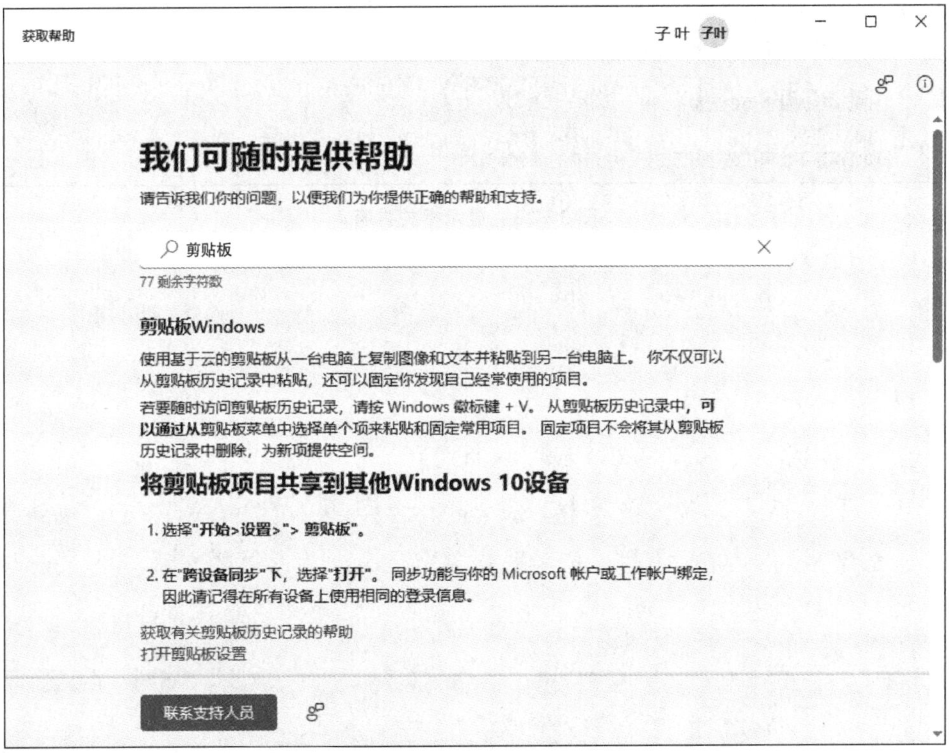
获取帮助
子叶 子叶
我们可随时提供帮助
请告诉我们你的问题，以便我们为你提供正确的帮助和支持。
剪贴板
77 剩余字符数
剪贴板Windows
使用基于云的剪贴板从一台电脑上复制图像和文本并粘贴到另一台电脑上。 你不仅可以从剪贴板历史记录中粘贴，还可以固定你发现自己经常使用的项目。
若要随时访问剪贴板历史记录，请按 Windows 徽标键 + V。 从剪贴板历史记录中，可以通过从剪贴板菜单中选择单个项来粘贴和固定常用项目。 固定项目不会将其从剪贴板历史记录中删除，为新项提供空间。
将剪贴板项目共享到其他Windows 10设备
1. 选择"开始>设置>"> 剪贴板"。
2. 在"跨设备同步"下，选择"打开"。 同步功能与你的 Microsoft 帐户或工作帐户绑定，因此请记得在所有设备上使用相同的登录信息。
获取有关剪贴板历史记录的帮助
打开剪贴板设置
联系支持人员

图 3－22　在搜索框中输入关键字“剪贴板”后的搜索结果

获取帮助
子叶 子叶
返回
获取有关剪贴板的帮助
Windows 11, Windows 10
Windows 11
Windows 10
使用剪贴板
在电脑上复制内容时，内容将自动复制到剪贴板供你粘贴。 不仅可以粘贴剪贴板历史记录中的多个项目，还可以固定经常使用的项目，将剪贴板历史记录同步到云。
下面是一些你可能遇到的有关剪贴板的问题的解答。
第一次如何打开剪贴板历史记录?
如何将剪贴板项目同步到电脑上?
如何清除剪贴板历史记录?
如何清除不想再在剪贴板历史记录中查看的单个项目?

图 3-23　显示相关内容

实验4　Word 2016文档的输入和编辑

4.1　实验目的

1. 掌握Word 2016的启动和退出，熟悉Word 2016的界面。

2. 熟练掌握Word文档的创建、输入、保存、保护和打开操作。

3. 熟练掌握Word文档的编辑操作，包括插入、修改、删除、移动、复制、查找和替换、英文校对等基本操作。

4.2　实验内容

案例：日记的输入和编辑

◈操作要求

1. 创建一个新文档，输入以下内容，把当前文档保存到E盘的Word1文件夹中，将文件命名为w1.docx，要求将日期设置为自动更新。

> 点点日记
>
> 今天是2021年1月21日星期四，室内气温为15～17℃。
>
> 晚上🕘，我正在看📖，突然☎铃声响起，原来是我的同学Mary，他问我书中第Ⅷ页的数学题，“计算1×2+2×4+3×6+4×8+…+100×200”有什么简便方法。我告诉了他，他很高兴。对我说：“Thank you! My best friend!”
>
> 后来，他要我去图书馆为他借巴金的《家》《春》《秋》，并告诉我，他的E-mail地址是Mary@21cn.com，要我借到后写✉给他。

2. 打开文档w1.docx，进行如下修改。

(1)在正文第2段的文字“我告诉了他，”的“他”之后插入文字“我的解题思路”。

(2)将正文第3段的文字“并告诉我，”中的“并”改为“他”。

(3)删除正文第3段的文字“《春》《秋》”。

(4)将正文第2段的文字“他问我书中第Ⅷ页的数学题，……”中的“数学”复制到“我”和“书”之间。

(5)将正文第3段的文字“他告诉我，他的E-mail地址是Mary@21cn.com，”移动到文字“后来，”之后。

(6)将文中所有的“他”替换为“她”。

(7)将正文第2段和第3段合并成一段。

(8)检查输入的英文单词是否有拼写错误，若有则改正。

(9)将最后一段删除，再将其恢复。

(10)为使其他应用程序能读取该文件，将文件另存为纯文本文件t1.txt。

3.新建文档，设置自动保存时间间隔为 5 min，插入文档 w1.docx 的内容，保存为 w2.docx，并设置文档的打开密码为 123，修改密码为 456。

◆操作步骤

1.进入 E 盘窗口，在窗口空白处右击，在弹出的快捷菜单中选择“新建”→“文件夹”命令，输入文件夹名 Word1，按 Enter 键。

2.双击桌面上的 Word 2016 快捷方式图标，启动 Word 2016，进入 Word 2016 的工作窗口。单击输入法图标，选择自己熟悉的输入法，在文档编辑区输入文字。输入文字一般在插入状态下进行，此时状态栏中显示“插入”按钮。在状态栏上单击“插入”按钮，该按钮切换为“改写”按钮，也可以按 Insert 键进行“插入”与“改写”的状态切换。

注意：在输入中文时，键盘要处于小写字母输入状态。文档中的英文字母、数字和小数点要在英文状态下输入。

文档中的日期和一些特殊符号使用下面的方法输入。

(1)日期。单击“插入”选项卡“文本”组的“日期和时间”按钮，打开“日期和时间”对话框。在“语言(国家/地区)”下拉列表中选择“中文(中国)”选项，在“可用格式”列表框中选择需要的格式，并勾选“自动更新”复选框，单击“确定”按钮。

(2)℃、Ⅷ、×。可以使用软键盘输入这些符号，在不同输入法下，软键盘的使用方法不同。以搜狗拼音输入法为例，单击输入法状态条上的“软键盘”按钮⌨，在弹出的快捷菜单中单击“软键盘”按钮，弹出软键盘，在该界面单击“软键盘”按钮，分别选择“特殊符号”“数字序号”“数学符号”命令，然后单击相应的符号。要关闭软键盘，只需再次单击输入法状态条上的“软键盘”按钮。

(3)🕘、🕮、☎、🖃。单击“插入”选项卡“符号”组的“符号”下拉按钮，在下拉菜单中选择“其他符号”命令，弹出“符号”对话框。在“字体”下拉列表中选择“Wingdings”选项，然后选择需要的符号，单击“插入”按钮，最后单击“关闭”按钮。

3.单击“文件”按钮，在菜单中选择“保存”命令，在“另存为”界面中单击“浏览”按钮，打开“另存为”对话框。在地址栏中选择或输入 E:\Word1，在“保存类型”下拉列表中选择“Word 文档(*.docx)”选项，在“文件名”组合框中输入文件名 w1，单击“保存”按钮，然后关闭该文档。

4.打开文档 w1.docx，按要求对文档进行如下修改。

(1)在插入状态下，将光标移到“我告诉了他，”的“他”后面，输入文字“我的解题思路”。

(2)选中“并”字，按 Delete 键，输入“他”。

(3)选中“《春》《秋》”，按 Delete 键。

(4)选中“数学”，右击，在弹出的快捷菜单中选择“复制”命令，将光标移到“我”和“书”之间，按 Ctrl+V 快捷键。也可以按下 Ctrl 键，拖动“数学”到“我”和“书”之间。

(5)选中“他告诉我，他的 E-mail 地址是 Mary@21cn.com，”，右击，在弹出的快捷菜单中选择“剪切”命令，将光标移到“后来，”之后，右击，在弹出的快捷菜单中选择“粘贴选项”→“保留源格式”命令。也可以直接将选中的内容拖动到“后来，”之后。

(6)单击“开始”选项卡“编辑”组的“替换”按钮，打开“查找和替换”对话框。在“查找内容”组合框中输入“他”，在“替换为”组合框中输入“她”，单击“全部替换”按钮，在弹出的提示对话框中单击“确定”按钮，关闭该对话框。

(7)将光标移到正文第 2 段的段落标记前(如果看不到段落标记，则单击“开始”选项卡“段落”组的“显示/隐藏编辑标记”按钮 ），然后按 Delete 键。

（8）单击“审阅”选项卡“校对”组的“拼写和语法”按钮，检查拼写和语法。如果有错误，则在“语法”或“拼写检查”任务窗格中更改。

（9）选中最后一段，按 Delete 键删除，再单击快速访问工具栏中的“撤销”按钮，撤销刚才的操作。

（10）单击“文件”按钮，在菜单中选择“另存为”命令，在“另存为”界面中单击“浏览”按钮，打开“另存为”对话框，在地址栏中选择或输入 E:\Word1，在“保存类型”下拉列表中选择“纯文本（*.txt）”，在“文件名”组合框中输入文件名 t1，单击“保存”按钮。在随后弹出的“文件转换”对话框中单击“确定”按钮。

5. 单击“文件”按钮，在菜单中选择“新建”命令，单击“空白文档”按钮。

6. 单击“文件”按钮，在菜单中选择“选项”命令，打开“Word 选项”对话框。在该对话框左侧选择“保存”标签，在对话框右侧设置“保存自动恢复信息时间间隔”为 5 min，单击“确定”按钮。

7. 单击“插入”选项卡“文本”组的“对象”下拉按钮，在下拉菜单中选择“文件中的文字”命令，打开“插入文件”对话框。在地址栏中选择或输入 E:\Word1，选择目录中的文件 w1.docx，单击“插入”按钮。

8. 单击“文件”按钮，在菜单中选择“另存为”命令，在“另存为”界面中单击“浏览”按钮，打开“另存为”对话框。在地址栏中选择或输入 E:\Word1，在“保存类型”下拉列表中选择“Word 文档（*.docx）”选项，在“文件名”组合框中输入文件名 w2。单击对话框中的“工具”下拉按钮，在下拉菜单中选择“常规选项”命令，打开“常规选项”对话框。在“打开文件时的密码”文本框中输入 123，在“修改文件时的密码”文本框中输入 456，单击“确定”按钮。在弹出的“确认密码”对话框中分别再次输入密码并确定，最后单击“保存”按钮。

注意：有些操作的实现方法有多种，或选择菜单命令，或单击功能区的相应按钮，或按快捷键，任选其中一种方法即可。

4.3 验证性实验

文档的输入和编辑

【实验 1】

创建一个新文档，输入以下文字。

> 在 Intel Developer Forum（英特尔开发者论坛）上，微软主席 Jim Allchin 宣布，６４位的 Windows 桌面版本将在４月初发布，而其服务器版则在４月底推出。Allchin 表示，公司把近期目标锁定为６４位系统，并鼓励广大开发者开始改善他们的程序，以发挥额外的处理优势。上个月，微软发布了６４位 OS 的第二个候选版本，并且承诺将在６月底发布最终版本。其实大家对６４位 Windows XP 和 Windows Server ２００３一直很期待，特别是 CPU 芯片商 AMD，它在两年前就已经推出了６４位的服务芯片。

要求：输入时应注意中文和英文输入状态的切换、全角和半角切换、标点符号等，并将文档以 w3.docx 为文件名保存在 E:\Word1 下，然后关闭该文档。

【实验 2】

1. 创建一个新文档，输入以下内容，并将文档以 w4.docx 为文件名保存在 E:\Word1 下，然后关闭该文档。

> 有人曾笑着说:"中国有两港——花港和香港。"由"花"而联想到"香",这是很自然的。
> "花港观鱼"这一古老的名胜,如今更是名副其实。四时如锦的花,碧波粼粼的港,自由嬉戏的鱼,都是令人喜爱的。除此之外,漫步河塘柳岸,散步草坪林荫,或登亭台楼榭眺望远山近水,或傍湖边长椅欣赏六桥烟柳,也使人心旷神怡。

2. 打开 w4. docx 文档,进行如下编辑操作。

(1)在文本的最前面插入一行标题"花港观鱼"。

(2)将"有人曾笑着说"的"笑着"两个字删除。把文中的"由'花'而联想到'香',"改为"由于中国几千年的欣赏习惯,从远自《诗经》近到当今最流行的歌曲中,都可以看到,人们总是喜欢看到'花'而联想到'香'。"。

(3)将"漫步河塘柳岸"和"散步草坪林荫"互换位置。

(4)将文中的两段合并成一段,在"如今更是名副其实。"后另起一段。

(5)将所有的"港"替换为 Gang。

(6)分别以页面视图、阅读视图、Web 版式视图、大纲视图和草稿视图等不同方式显示文档,观察各种视图的显示特点。

修改结果如下。

> 花 Gang 观鱼
> 有人曾说:"中国有两 Gang——花 Gang 和香 Gang。"由于中国几千年的欣赏习惯,从远自《诗经》近到当今最流行的歌曲中,都可以看到,人们总是喜欢看到"花"而联想到"香"。这是很自然的。"花 Gang 观鱼"这一古老的名胜,如今更是名副其实。
> 四时如锦的花,碧波粼粼的 Gang,自由嬉戏的鱼,都是令人喜爱的。除此之外,散步草坪林荫,漫步河塘柳岸,或登亭台楼榭眺望远山近水,或傍湖边长椅欣赏六桥烟柳,也使人心旷神怡。

(7)将文档以文件名 w5. docx 另存在 E:\Word1 下,并设置文档的打开密码为 AAA,设置文档的修改密码为 BBB。

3. 新建文档,设置自动保存时间间隔为 8 min,插入文档 w5. docx 的内容。根据 Word 提供的字数统计功能,在 Word 文档中记录以下数据:字数、字符数(不计空格)、段落数。然后将文档以 w6. docx 为文件名保存在 E:\Word1 下。

4. 为使其他应用程序(如记事本)能读取文档 w5. docx 的内容,打开文档 w5. docx,把它另存为 E:\Word1 目录下的文本文件 t2. txt。

4.4 设计性实验

搜集自己喜欢的文字信息(如人生感悟、体育和音乐新闻等),在 Word 文档中输入这些文字信息并保存文档,尽量用到所学的文档输入和编辑知识。

实验 5 Word 2016 文档排版

5.1 实验目的

1. 熟练掌握 Word 文档的字符排版。
2. 熟练掌握 Word 文档的段落排版。
3. 熟练掌握 Word 文档的页面排版。

5.2 实验内容

案例：散文排版

散文排版效果如图 5－1 所示。

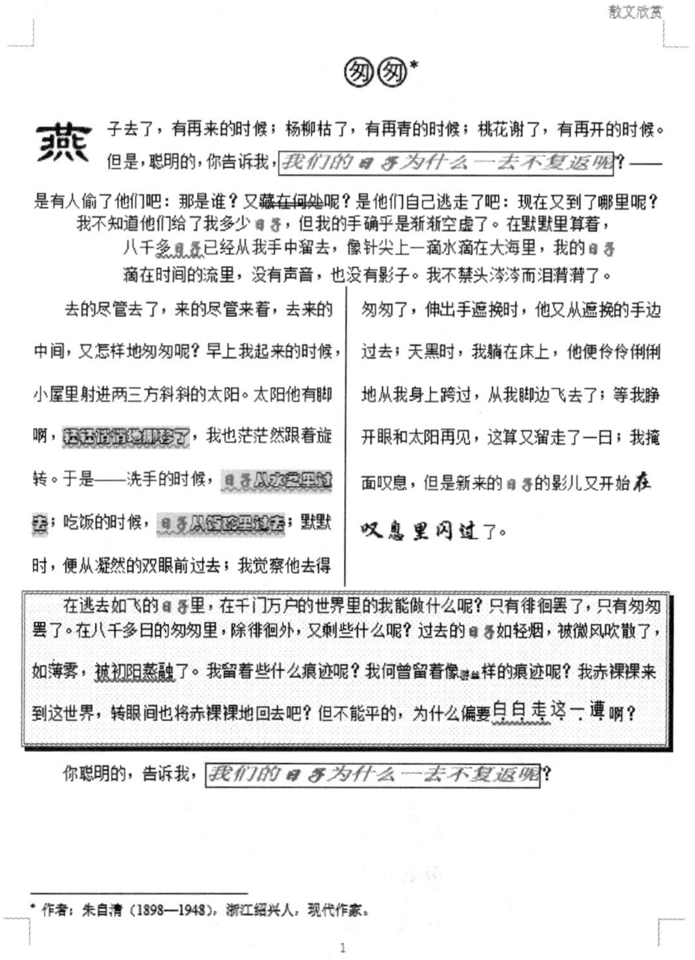

散文欣赏

匆匆*

燕子去了，有再来的时候；杨柳枯了，有再青的时候；桃花谢了，有再开的时候。但是，聪明的，你告诉我，我们的日子为什么一去不复返呢？——是有人偷了他们吧：那是谁？又藏在何处呢？是他们自己逃走了吧：现在又到了哪里呢？

我不知道他们给了我多少日子，但我的手确乎是渐渐空虚了。在默默里算着，八千多日子已经从我手中溜去，像针尖上一滴水滴在大海里，我的日子滴在时间的流里，没有声音，也没有影子。我不禁头涔涔而泪潸潸了。

去的尽管去了，来的尽管来着，去来的中间，又怎样地匆匆呢？早上我起来的时候，小屋里射进两三方斜斜的太阳。太阳他有脚啊，轻轻悄悄地挪移了，我也茫茫然跟着旋转。于是——洗手的时候，日子从水盆里过去；吃饭的时候，日子从饭碗里过去；默默时，便从凝然的双眼前过去；我觉察他去得匆匆了，伸出手遮挽时，他又从遮挽的手边过去；天黑时，我躺在床上，他便伶伶俐俐地从我身上跨过，从我脚边飞去了；等我睁开眼和太阳再见，这算又溜走了一日；我掩面叹息，但是新来的日子的影儿又开始在叹息里闪过了。

在逃去如飞的日子里，在千门万户的世界里的我能做什么呢？只有徘徊罢了，只有匆匆罢了。在八千多日的匆匆里，除徘徊外，又剩些什么呢？过去的日子如轻烟，被微风吹散了，如薄雾，被初阳蒸融了。我留着些什么痕迹呢？我何曾留着像游丝样的痕迹呢？我赤裸裸来到这世界，转眼间也将赤裸裸地回去吧？但不能平的，为什么偏要白白走这一遭啊？

你聪明的，告诉我，我们的日子为什么一去不复返呢？

* 作者：朱自清（1898—1948），浙江绍兴人，现代作家。

1

图 5－1 散文排版效果

◈操作要求

1. 新建空白文档,输入以下文字,并保存在E盘的Word2文件夹中,文件名为w1.docx。

匆匆

燕子去了,有再来的时候;杨柳枯了,有再青的时候;桃花谢了,有再开的时候。但是,聪明的,你告诉我,我们的日子为什么一去不复返呢?——是有人偷了他们吧:那是谁?又藏在何处呢?是他们自己逃走了吧:现在又到了哪里呢?

我不知道他们给了我多少日子,但我的手确乎是渐渐空虚了。在默默里算着,八千多日子已经从我手中溜去,像针尖上一滴水滴在大海里,我的日子滴在时间的流里,没有声音,也没有影子。我不禁头涔涔而泪潸潸了。

去的尽管去了,来的尽管来着,去来的中间,又怎样地匆匆呢?早上我起来的时候,小屋里射进两三方斜斜的太阳。太阳他有脚啊,轻轻悄悄地挪移了,我也茫茫然跟着旋转。于是——洗手的时候,日子从水盆里过去;吃饭的时候,日子从饭碗里过去;默默时,便从凝然的双眼前过去;我觉察他去得匆匆了,伸出手遮挽时,他又从遮挽的手边过去;天黑时,我躺在床上,他便伶伶俐俐地从我身上跨过,从我脚边飞去了;等我睁开眼和太阳再见,这算又溜走了一日;我掩面叹息,但是新来的日子的影儿又开始在叹息里闪过了。

在逃去如飞的日子里,在千门万户的世界里的我能做什么呢?只有徘徊罢了,只有匆匆罢了。在八千多日的匆匆里,除徘徊外,又剩些什么呢?过去的日子如轻烟,被微风吹散了,如薄雾,被初阳蒸融了。我留着些什么痕迹呢?我何曾留着像游丝样的痕迹呢?我赤裸裸来到这世界,转眼间也将赤裸裸地回去吧?但不能平的,为什么偏要白白走这一遭啊?

你聪明的,告诉我,我们的日子为什么一去不复返呢?

2. 进行字符格式设置,其要求如表5-1所示。

表5-1 字符格式要求

字符内容	字符格式要求
标题"匆匆"	黑体,二号,带圈字符(加圆圈,缩小文字)
正文第1段:我们的日子为什么一去不复返呢	倾斜,红色,字符边框,字符缩放比例为150%
正文第1段:藏在何处	双删除线
正文第3段:轻轻悄悄地挪移了	华文彩云,字符底纹,下画线(蓝色波浪线)
正文第3段:在叹息里闪过	华文行楷,三号
正文第4段:游丝	四号,下标
正文第4段:白白走这一遭	字符加着重号,字符间距加宽1.2 pt,字符位置提升3 pt

3. 进行段落格式设置,其要求如表5-2所示。

表5-2 段落格式要求

应选择的段落	段落格式要求
标题	居中对齐,段后间距为12 pt
正文第1段	分散对齐
正文第2段	左、右缩进1 cm,悬挂缩进1.11 cm
正文第3段	1.75倍行距

续表

应选择的段落	段落格式要求
正文第4段	段落添加边框：带阴影双实线、蓝色、0.75 pt线宽；段落添加底纹：图案(样式为20%，颜色为黄色)

4. 使用格式刷复制格式，其要求如表5-3所示。

表5-3 复制格式要求

样板文字或段落	目标文字或段落
正文第1段“我们的日子为什么一去不复返呢”	正文第5段“我们的日子为什么一去不复返呢”
正文第3段的段落标记符“↵”	正文第5段的段落标记符“↵”
正文第3段“轻轻悄悄地挪移了”	正文第3段“日子从水盆里过去”及“日子从饭碗里过去”

5. 使用替换命令替换格式，其要求如表5-4所示。

表5-4 替换格式要求

字符内容	格式要求
全文中所有的“日子”	华文行楷，蓝色，加粗

6. 进行页面格式设置，其要求如表5-5所示。

表5-5 页面格式要求

选择内容	页面格式要求
正文第1段的第1个字“燕”	首字下沉两行，字体设置为隶书，距正文0.3 cm
正文第3段	分为等宽的两栏，栏宽为7 cm，栏间加分隔线
全文	设置页眉“散文欣赏”，右对齐
全文	在页面底端(页脚)以居中对齐方式插入页码，并将初始页码设置为全角字符的1
标题“匆匆”	为文字“匆匆”插入尾注：引用标记为“*”；内容为“作者：朱自清(1898—1948)，浙江绍兴人，现代作家。”
全文	将文档页面的纸张大小设置为A4，左、右页边距均为3 cm，上页边距为4 cm，下页边距为5 cm

◉操作步骤

1. 进入E盘窗口，在空白处右击，在弹出的快捷菜单中选择“新建”→“文件夹”命令，输入文件夹名Word2，按Enter键。

2. 启动Word 2016，进入Word 2016的工作窗口，输入文字内容。

3. 单击“文件”按钮，在菜单中选择“保存”命令，在“另存为”界面中单击“浏览”按钮，打开“另存为”对话框，在地址栏中选择或输入E:\Word2，输入文件名w1，单击“保存”按钮。

4.进行字符格式设置。

(1)选中标题“匆匆”,在“开始”选项卡“字体”组的“字体”下拉列表中选择“黑体”选项;在“字号”下拉列表中选择“二号”选项;单击“带圈字符”按钮㊕,打开“带圈字符”对话框,样式选择“缩小文字”选项,圈号选择“○”选项,单击“确定”按钮。

(2)选中正文第1段的“我们的日子为什么一去不复返呢”,单击“开始”选项卡“字体”组的“倾斜”按钮 *I* ;单击“字体颜色”下拉按钮 A ▾,在打开的字体颜色库中选择“红色”选项;单击“字符边框”按钮A;在“段落”组中单击“中文版式”下拉按钮 ▾ ,在下拉菜单中选择“字符缩放”→“150%”命令。

(3)选中正文第1段的“藏在何处”,单击“开始”选项卡“字体”组右下角的对话框启动器按钮,打开“字体”对话框。在“字体”选项卡的“效果”栏中勾选“双删除线”复选框,单击“确定”按钮。

(4)选中正文第3段的“轻轻悄悄地挪移了”,单击“开始”选项卡“字体”组右下角的对话框启动器按钮,打开“字体”对话框。在“字体”选项卡的“中文字体”下拉列表中选择“华文彩云”选项,在“下画线线型”下拉列表中选择波浪线“~~~”选项,在“下画线颜色”下拉列表中选择“蓝色”选项,单击“确定”按钮。单击“字体”组的“字符底纹”按钮A。

(5)选中正文第3段的“在叹息里闪过”,单击“开始”选项卡“字体”组右下角的对话框启动器按钮,打开“字体”对话框。在“字体”选项卡的“中文字体”下拉列表中选择“华文行楷”选项,在“字号”下拉列表中选择“三号”选项,单击“确定”按钮。

(6)选中正文第4段的“游丝”,在“字号”下拉列表中选择“四号”选项;单击“开始”选项卡“字体”组的“下标”按钮 x_2 。

(7)选中正文第4段的“白白走这一遭”,单击“开始”选项卡“字体”组右下角的对话框启动器按钮,打开“字体”对话框。在“字体”选项卡的“着重号”下拉列表中选择“·”选项。再单击“高级”选项卡,在“间距”下拉列表中选择“加宽”选项,在旁边的“磅值”数值框中选择或输入1.2 pt,在“位置”下拉列表中选择“提升”选项,在旁边的“磅值”数值框中选择或输入3 pt,单击“确定”按钮。

5.进行段落格式设置。

注意:如果Word默认设置的单位与题目要求不符,不建议直接输入单位,应通过单击“文件”按钮,在菜单中选择“选项”命令,打开“Word选项”对话框。然后单击“高级”选项卡,在“显示”栏中进行度量单位的设置。一般情况下,如果“度量单位”选择“厘米”,而“以字符宽度为度量单位”复选框也被勾选的话,默认的缩进单位为“字符”,对应的段落间距和行距单位为“行”;如果取消勾选“以字符宽度为度量单位”复选框,则缩进单位为“厘米”,对应的段落间距和行距单位为“磅”。

(1)选中标题“匆匆”,单击“开始”选项卡“段落”组右下角的对话框启动器按钮,打开“段落”对话框。在“常规”栏的“对齐方式”下拉列表中选择“居中”选项,在“间距”栏的“段后”数值框中选择或输入12 pt,单击“确定”按钮。

(2)选中正文第1段,单击“开始”选项卡“段落”组右下角的对话框启动器按钮,在“段落”对话框中的“对齐方式”下拉列表中选择“分散对齐”选项,单击“确定”按钮。

(3)选中正文第2段,单击“开始”选项卡“段落”组右下角的对话框启动器按钮,在“段落”对话框中的“缩进”栏的“左侧”“右侧”数值框中均设置1 cm,在“特殊格式”下拉列表中选择“悬挂缩进”选项,并在旁边的“缩进值”数值框中设置1.11 cm,单击“确定”按钮。

(4)选中正文第 3 段,单击“开始”选项卡“段落”组右下角的对话框启动器按钮,在“段落”对话框中的“行距”下拉列表中选择“多倍行距”选项,在旁边的“设置值”数值框中输入 1.75,单击“确定”按钮。

(5)选中正文第 4 段,单击“开始”选项卡“段落”组的“边框”下拉按钮,在下拉菜单中选择“边框和底纹”命令,打开“边框和底纹”对话框。在“边框”选项卡的“设置”栏中选择“阴影”选项,在“样式”列表框中选择“双实线”选项,在“颜色”下拉列表中选择“蓝色”选项,在“宽度”下拉列表中选择“0.75 磅”选项。再单击“底纹”选项卡,在“图案”栏的“样式”下拉列表中选择 20% 选项,在“颜色”下拉列表中选择“黄色”选项,单击“确定”按钮。

6. 使用格式刷。

(1)选中正文第 1 段的“我们的日子为什么一去不复返呢”,单击“开始”选项卡“剪贴板”组的“格式刷”按钮,然后拖动经过正文第 5 段的“我们的日子为什么一去不复返呢”。

(2)选中正文第 3 段的段落标记符 ↵,单击“开始”选项卡“剪贴板”组的“格式刷”按钮,然后拖动经过正文第 5 段的段落标记符 ↵。

(3)选中正文第 3 段中的“轻轻悄悄地挪移了”,双击“开始”选项卡“剪贴板”组的“格式刷”按钮,然后拖动经过正文第 3 段的“日子从水盆里过去”及“日子从饭碗里过去”。

7. 使用替换命令替换格式。

单击“开始”选项卡“编辑”组的“替换”按钮,打开“查找和替换”对话框。在“查找内容”组合框中输入“日子”,在“替换为”组合框中输入“日子”,单击“更多”按钮,将光标置于“替换为”组合框中,再单击“格式”下拉按钮,在下拉菜单中选择“字体”命令,打开“替换字体”对话框。在“字体”选项卡中设置“中文字体”为“华文行楷”,“字体颜色”为“蓝色”,“字形”为“加粗”,单击“确定”按钮,单击“全部替换”按钮。关闭“查找和替换”对话框。

8. 进行页面格式设置。

(1)选中正文第 1 段的第 1 个字“燕”,单击“插入”选项卡“文本”组的“首字下沉”下拉按钮,在下拉菜单中选择“首字下沉选项”命令,打开“首字下沉”对话框。在“位置”栏中选择“下沉”选项,在“选项”栏中的“字体”下拉列表中选择“隶书”选项,在“下沉行数”数值框中输入 2,在“距正文”数值框中输入 0.3 cm,单击“确定”按钮。

(2)选中正文第 3 段,单击“布局”选项卡“页面设置”组的“分栏”下拉按钮,在下拉菜单中选择“更多分栏”命令,打开“分栏”对话框。在“预设”栏中选择“两栏”选项,在“宽度”数值框中输入 7 cm,勾选“分隔线”复选框,单击“确定”按钮。

(3)将光标置于正文中,单击“插入”选项卡“页眉和页脚”组的“页眉”下拉按钮,在展开的页眉库中选择“空白”样式,在页眉编辑区输入文字“散文欣赏”,并单击“开始”选项卡“段落”组的“右对齐”按钮,双击正文区域完成设置。

(4)将光标置于正文中,单击“插入”选项卡“页眉和页脚”组的“页码”下拉按钮,在下拉菜单中选择“页面底端”命令,在打开的页码库中选择“简单”区中的“普通数字 2”样式。在“页眉和页脚工具”→“设计”选项卡的“页眉和页脚”组中单击“页码”下拉按钮,在下拉菜单中选择“设置页码格式”命令,打开“页码格式”对话框 。在“编号格式”下拉列表中选择“全角…”选项,在“起始页码”数值框中输入 1,单击“确定”按钮。在“关闭”组中单击“关闭页眉和页脚”按钮。

(5)选中标题“匆匆”,单击“引用”选项卡“脚注”组右下角的对话框启动器按钮,打开“脚注和尾注”对话框。选中“尾注”单选按钮,再单击“自定义标记”文本框旁边的“符号”按钮,打开“符号”对话框。查找符号“ * ”,单击“确定”按钮,单击“插入”按钮,在尾注输入区中输入“作者:朱自清(1898—1948),浙江绍兴人,现代作家。”。

(6)将光标置于正文中,单击“布局”选项卡“页面设置”组右下角的对话框启动器按钮,打开“页面设置”对话框。在“页边距”选项卡的“左”“右”数值框中均输入 3 cm,在“上”数值框中输入4 cm,在“下”数值框中输入 5 cm。再单击“纸张”选项卡,在“纸张大小”下拉列表中选择“A4”选项,单击“确定”按钮。保存文档。

5.3 验证性实验

文档排版

1. 创建一个空白文档,输入下面的文字,并以 w2.docx 为文件名保存在 E:\Word2 下。

春

盼望着,盼望着,东风来了,春天的脚步近了。

一切都像刚睡醒的样子,欣欣然张开了眼。山朗润起来了,水涨起来了,太阳的脸红起来了。

小草偷偷地从土里钻出来,嫩嫩的,绿绿的。园子里,田野里,瞧去,一大片一大片满是的。坐着,躺着,打两个滚,踢几脚球,赛几趟跑,捉几回迷藏。风轻悄悄的,草软绵绵的。

桃树、杏树、梨树,你不让我,我不让你,都开满了花赶趟儿。红的像火,粉的像霞,白的像雪。花里带着甜味儿;闭了眼,树上仿佛已经满是桃儿、杏儿、梨儿。花下成千成百的蜜蜂嗡嗡地闹着,大小的蝴蝶飞来飞去。野花遍地是:杂样儿,有名字的,没名字的,散在草丛里,像眼睛,像星星,还眨呀眨的。

“吹面不寒杨柳风”,不错的,像母亲的手抚摸着你。风里带来些新翻的泥土的气息,混着青草味儿,还有各种花的香,都在微微润湿的空气里酝酿。鸟儿将窠巢安在繁花嫩叶当中,高兴起来了,呼朋引伴地卖弄清脆的喉咙,唱出宛转的曲子,与轻风流水应和着。牛背上牧童的短笛,这时候也成天在嘹亮地响。

雨是最寻常的,一下就是三两天。可别恼。看,像牛毛,像花针,像细丝,密密地斜织着,人家屋顶上全笼着一层薄烟。树叶子却绿得发亮,小草也青得逼你的眼。傍晚时候,上灯了,一点点黄晕的光,烘托出一片安静而和平的夜。乡下去,小路上,石桥边,撑起伞慢慢走着的人;还有地里工作的农夫,披着蓑,戴着笠的。他们的草屋,稀稀疏疏的,在雨里静默着。

天上风筝渐渐多了,地上孩子也多了。城里乡下,家家户户,老老小小,他们也赶趟儿似的,一个个都出来了。舒活舒活筋骨,抖擞抖擞精神,各做各的一份事去。“一年之计在于春”,刚起头儿,有的是工夫,有的是希望。

春天像刚落地的娃娃,从头到脚都是新的,他生长着。

春天像小姑娘,花枝招展的,笑着,走着。

春天像健壮的青年,有铁一般的胳膊和腰脚,他领着我们上前去。

2. 打开文档 w2.docx,将标题“春”设置为小二、蓝色、楷体、加粗、居中,加菱形圈号,并添加黄色文字底纹、绿色文字阴影边框,框线粗 1.5 pt。将正文各段的段后间距设置为 8 pt。

3. 将正文第 1 段中文字的字符间距设置为加宽 3 pt,段前间距设置为 18 pt,首字下沉,下沉行数为 2,距正文 0.2 cm。

4. 将正文第 2 段改为繁体字,在正文第 2 段、第 3 段前均加项目符号◆。

5. 将正文第 4 段左、右各缩进 1 cm,首行缩进 0.9 cm,行距为 18 pt。

6. 为正文第 5 段设置蓝色段落边框、绿色段落底纹,并将该段分为等宽 3 栏,栏宽为 3.45 cm,栏间加分隔线。

7. 将正文第 6 段左、右各缩进 2 cm,悬挂缩进 1.2 cm,左对齐。

8. 查找文中“春天”的个数,将正文中的第一个“春天”设置为小四、绿色、加粗,并添加黄色文字底纹，利用格式刷复制该格式，并应用到正文中所有的“春天”。

9. 利用替换功能，将正文中所有的“花”设置为华文行楷、小三、倾斜、红色。

10. 将文档页面的纸张大小设置为 A4，设置左、右页边距各为 2 cm，上、下页边距各为 2.5 cm。

11. 在文档的页面底端以居中对齐方式插入页码，并将初始页码设置为全角字符的 2。

12. 设置自己喜欢的页眉样式，添加页眉内容“朱自清名作欣赏”，对齐方式为左对齐。

13. 为标题“春”插入尾注，尾注内容为“现代作家朱自清作品”，尾注引用标记为♣。

14. 打印预览文档，满意后以文件名 w3.docx 将其另存在 E:\Word2 下。

文档的排版效果如图 5 - 2 所示。

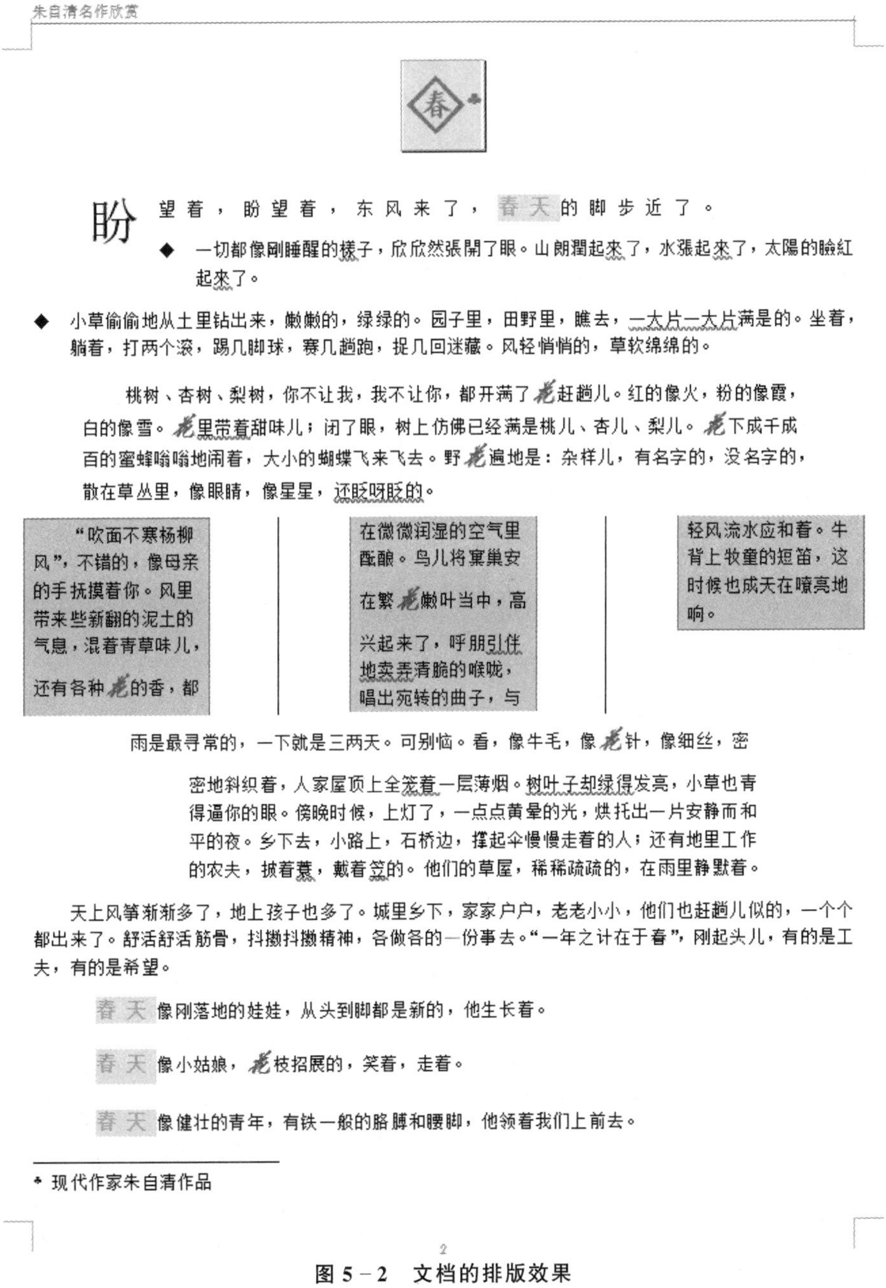
朱自清名作欣赏

春♣

盼望着，盼望着，东风来了，春天的脚步近了。

◆ 一切都像剛睡醒的樣子，欣欣然張開了眼。山朗潤起來了，水漲起來了，太陽的臉紅起來了。

◆ 小草偷偷地从土里钻出来，嫩嫩的，绿绿的。园子里，田野里，瞧去，一大片一大片满是的。坐着，躺着，打两个滚，踢几脚球，赛几趟跑，捉几回迷藏。风轻悄悄的，草软绵绵的。

桃树、杏树、梨树，你不让我，我不让你，都开满了花赶趟儿。红的像火，粉的像霞，白的像雪。花里带着甜味儿；闭了眼，树上仿佛已经满是桃儿、杏儿、梨儿。花下成千成百的蜜蜂嗡嗡地闹着，大小的蝴蝶飞来飞去。野花遍地是：杂样儿，有名字的，没名字的，散在草丛里，像眼睛，像星星，还眨呀眨的。

“吹面不寒杨柳风”，不错的，像母亲的手抚摸着你。风里带来些新翻的泥土的气息，混着青草味儿，还有各种花的香，都在微微润湿的空气里酝酿。鸟儿将窠巢安在繁花嫩叶当中，高兴起来了，呼朋引伴地卖弄清脆的喉咙，唱出宛转的曲子，与轻风流水应和着。牛背上牧童的短笛，这时候也成天在嘹亮地响。

雨是最寻常的，一下就是三两天。可别恼。看，像牛毛，像花针，像细丝，密密地斜织着，人家屋顶上全笼着一层薄烟。树叶子却绿得发亮，小草也青得逼你的眼。傍晚时候，上灯了，一点点黄晕的光，烘托出一片安静而和平的夜。乡下去，小路上，石桥边，撑起伞慢慢走着的人；还有地里工作的农夫，披着蓑，戴着笠的。他们的草屋，稀稀疏疏的，在雨里静默着。

天上风筝渐渐多了，地上孩子也多了。城里乡下，家家户户，老老小小，他们也赶趟儿似的，一个个都出来了。舒活舒活筋骨，抖擞抖擞精神，各做各的一份事去。“一年之计在于春”，刚起头儿，有的是工夫，有的是希望。

春天像刚落地的娃娃，从头到脚都是新的，他生长着。

春天像小姑娘，花枝招展的，笑着，走着。

春天像健壮的青年，有铁一般的胳膊和腰脚，他领着我们上前去。

♣ 现代作家朱自清作品

2

图 5 - 2 文档的排版效果

5.4 设计性实验

对实验 4 的设计性实验中输入和编辑好的文档,根据个人审美和爱好进行个性化排版,尽量用到学过的文档排版知识。

实验6 Word 2016 中插入表格、插图、艺术字等对象

6.1 实验目的

1. 熟练掌握表格的建立及内容的输入。
2. 熟练掌握表格的编辑。
3. 掌握表格的计算和排序。
4. 熟练掌握表格的格式化。
5. 熟练掌握图片的插入、编辑和格式化。
6. 掌握图形的绘制。
7. 掌握文本框的使用。
8. 掌握艺术字的使用。
9. 掌握在文档中输入公式的方法。
10. 掌握图片和文字混合排版的方法。

6.2 实验内容

案例1:制作课程表

课程表效果如图6-1所示。

课程表

星期 / 节次		星期一	星期二	星期三	星期四	星期五
上午	1~2					
	3~4					
下午	5~6					
	7~8					
	9~10					

图6-1 课程表效果

◈操作要求

1. 输入标题“课程表”,设置为隶书、小二、居中。

2. 插入表格,调整表格的大小。

3. 设置表格的行高和列宽。

4. 合并与拆分单元格,实现不规则单元格的制作。

5. 设置斜线表头。在表格中输入文字,设置相应格式并使文字相对单元格居中对齐。

6. 为表格设置不同线型和颜色的边框,为单元格添加底纹。

7. 将文件保存在E盘的Word3文件夹中,命名为w1.docx。

◈操作步骤

1. 进入E盘窗口,在窗口空白处右击,在弹出的快捷菜单中选择“新建”→“文件夹”命令,输入文件夹名Word3,按Enter键。

2. 启动Word 2016,进入Word 2016的工作窗口。

3. 在第1行输入“课程表”,利用“开始”选项卡“字体”组的相应按钮设置其字体为“隶书”,字号为“小二”,在“段落”组中单击“居中”按钮。

4. 将光标移到第2行,单击“插入”选项卡“表格”组的“表格”下拉按钮,在下拉菜单中选择“插入表格”命令,打开“插入表格”对话框。在“行数”数值框中输入8,在“列数”数值框中输入6,单击“确定”按钮。把光标放到表格右下角的小方格□处,当光标变成双向箭头时,拖动这个小方格即可调整表格大小。

5. 选中表格,在“表格工具”→“布局”选项卡中“单元格大小”组的“高度”数值框中输入1.5 cm,在“宽度”数值框中输入2 cm。

6. 选中第1列的第2行至第5行,右击,在弹出的快捷菜单中选择“合并单元格”命令。选中修改后的表格的第1列的第3行至第5行,右击,在弹出的快捷菜单中选择“合并单元格”命令。选中第1列第2行,右击,在弹出的快捷菜单中选择“拆分单元格”命令,打开“拆分单元格”对话框。在“行数”数值框中输入1,在“列数”数值框中输入2,单击“确定”按钮。同样,选中第1列第3行,将其拆分为1行2列。选中第2行第2列,右击,在弹出的快捷菜单中选择“拆分单元格”命令,在“拆分单元格”对话框中设置行数为2,设置列数为1,单击“确定”按钮。同样,选中第3行第2列,将其拆分为3行1列。

7. 单击第1个单元格,单击“插入”选项卡“插图”组的“形状”下拉按钮,在打开的形状库的“线条”区中单击直线图标＼,在第1个单元格左上角顶点处单击并拖动至右下角顶点,绘制出斜线表头。此时,出现“绘图工具”选项卡,在其“格式”选项卡“插入形状”组中单击“文本框”按钮,在斜线表头单元格的适当位置绘制一个文本框,输入“星”字。然后选中文本框,右击,在弹出的快捷菜单中选择“设置形状格式”命令,打开“设置形状格式”任务窗格。在“填充”和“线条颜色”选项卡中分别选中“无填充”和“无线条”单选按钮,单击“关闭”按钮。用同样的方法制作出斜线表头中的“期”“节”“次”等字。在表格的其他单元格中输入相应内容,然后选中整个表格中的文字,单击“表格工具”→“布局”选项卡中“对齐方式”组的“水平居中”按钮。

8. 单击“表格工具”→“布局”选项卡中“绘图”组的“绘制表格”按钮,在“设计”选项卡“边框”组的“笔样式”下拉列表中选择实线“———”选项,在“笔划粗细”下拉列表中选择“2.25磅”选项,单击“笔颜色”下拉按钮,在打开的颜色库中选择“蓝色”选项,重画表格的外框线。同样,在“笔样式”下拉列表中选择双线“═══”选项,在“笔划粗细”下拉列表中选择“1.5磅”选项,单击“笔颜色”下拉按钮，在打开的颜色库中选择“红色”选项，重画“上午”和“下午”之间的分隔线。选中“星期一”至“星期五”所在的单元格，在“表格工具”→“设计”选项卡的“表格样式”组中单击“底纹”下拉按钮，在打开的颜色库中选择“黄色”选项；选中“1～2”至“9～10”所在的单元格，单击“底纹”下拉按钮，在打开的颜色库中选择“紫色”选项，再设置文字颜色为白色。

9. 单击“文件”按钮，在菜单中选择“保存”命令，在“另存为”界面中单击“浏览”按钮，打开“另存为”对话框，在地址栏中输入 E:\Word3，在“文件名”组合框中输入 w1，单击“保存”按钮。

案例 2：制作统计表

◈操作要求

1. 利用制表位功能，制作如图 6－2 所示的“乐器销售统计表”。将文件命名为 w2.docx，保存在 E:\Word3 目录下。要求第 1 列居中对齐，第 2 列右对齐，第 3 列小数点对齐。

2. 将 w2.docx 文件中的文本转换成 6 行 4 列的表格，并以文件名 w3.docx 保存在相同目录下。

3. 将 w3.docx 文件中的表格转换成文本，并用逗号作为文本之间的分隔符，以文件名 w4.docx 保存在相同目录下。

4. 打开 w3.docx 文件，按以下要求进行修改，结果如图 6－3 所示。

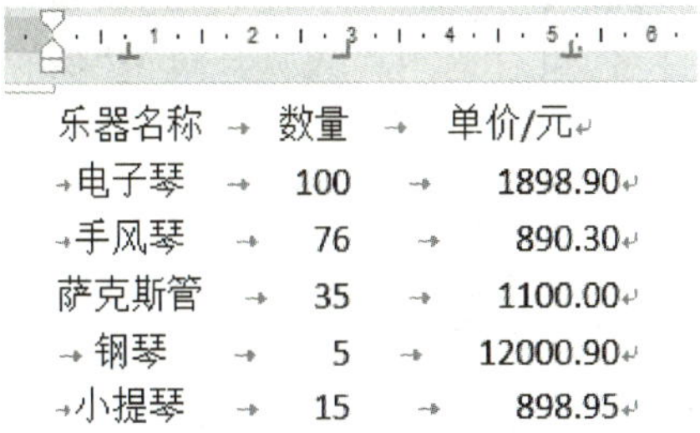

图 6－2 乐器销售统计表(1)

乐器销售统计表

乐器名称	数量	单价/元	金额/元
电子琴	100	1898.90	189890.00
手风琴	76	890.30	67662.80
钢琴	5	12000.90	60004.50
萨克斯管	35	1100.00	38500.00
小提琴	15	898.95	13484.25

图 6－3 乐器销售统计表(2)

(1) 将表格第 1 列(空白列)删除。

(2) 在表格最右边插入一空列，在该列的第一行输入列标题“金额/元”，在“金额/元”列的其他单元格中，按公式“金额＝单价×数量”计算并填入左侧乐器的合计金额(要求保留 2 位小数)，最后按“金额/元”列降序排列表格内容。

(3) 给表格自动套用样式“网格表 4 -着色 1”，并将表格居中。

(4) 在表格顶端添加标题“乐器销售统计表”，将该标题设置为四号、黑体、加粗、居中，以原文件名保存文档。

◈操作步骤

1. 启动 Word 2016，进入 Word 2016 的工作窗口。

2. 单击“开始”选项卡“段落”组右下角的对话框启动器按钮，打开“段落”对话框。在“缩进和间距”选项卡中单击“制表位”按钮，打开“制表位”对话框。在“制表位位置”组合框中输入“2 字符”，在“对齐方式”栏中选中“居中”单选按钮，在“前导符”栏中选中“无”单选按钮，单击“设置”按钮；在“制表位位置”组合框中输入“8 字符”，在“对齐方式”栏中选中“右对齐”单选按钮，在“前导符”栏中选中“无”单选按钮,单击“设置”按钮;在“制表位位置”组合框中输入“14 字符”,在“对齐方式”栏中选中“小数点对齐”单选按钮,在“前导符”栏中选中“无”单选按钮,单击“设置”按钮,再单击“确定”按钮。

3. 按 Tab 键,输入“乐器名称”,按 Tab 键,输入“数量”,按 Tab 键,输入“单价/元”,按 Enter 键,结束第 1 行的输入,将光标移到下一行,继续完成其他行的输入。

4. 单击“文件”按钮,在菜单中选择“保存”命令,在“另存为”界面中单击“浏览”按钮,打开“另存为”对话框。在地址栏中输入 E:\Word3,在“文件名”组合框中输入 w2,单击“保存”按钮。

5. 选中文字内容,单击“插入”选项卡“表格”组的“表格”下拉按钮,在下拉菜单中选择“文本转换成表格”命令,打开“将文字转换成表格”对话框。在“列数”数值框中输入 4,行数确认为 6,单击“确定”按钮。然后选中表格并右击,在弹出的快捷菜单中选择“平均分布各列”命令。

6. 单击“文件”按钮,在菜单中选择“另存为”命令,在“另存为”界面中单击“浏览”按钮,打开“另存为”对话框。在地址栏中输入 E:\Word3,在“文件名”组合框中输入 w3,单击“保存”按钮。

7. 选中表格,单击“表格工具”→“布局”选项卡中“数据”组的“转换为文本”按钮,打开“表格转换成文本”对话框。在“文字分隔符”栏中选中“逗号”单选按钮,单击“确定”按钮。

8. 单击“文件”按钮,在菜单中选择“另存为”命令,在“另存为”界面中单击“浏览”按钮,打开“另存为”对话框。在地址栏中输入 E:\Word3,在“文件名”组合框中输入 w4,单击“保存”按钮。单击“文件”按钮,在菜单中选择“关闭”命令,关闭该文档。

9. 打开文档 w3. docx,选中第 1 列,右击,在弹出的快捷菜单中选择“删除列”命令。选中第 3 列,单击“表格工具”→“布局”选项卡中“行和列”组的“在右侧插入”按钮,在右边插入空列。单击该列的第 1 个单元格,输入“金额/元”。

10. 单击该列的第 2 个单元格,单击“表格工具”→“布局”选项卡中“数据”组的“公式”按钮,打开“公式”对话框。在“公式”文本框中输入“=B2 * C2”,在“编号格式”下拉列表中选择“0.00”选项,单击“确定”按钮。再依次单击该列的第 3 至第 6 个单元格,用同样的方法计算出金额(在“公式”文本框中依次输入的是“=B3 * C3”“=B4 * C4”“=B5 * C5”“=B6 * C6”)。选中“金额/元”列,单击“数据”组的“排序”按钮,打开“排序”对话框。在“主要关键字”栏中选中“降序”单选按钮,单击“确定”按钮。

11. 选中表格,在“表格工具”→“设计”选项卡中“表格样式”组的样式库中选择“网格表 4 - 着色 1”选项。单击“开始”选项卡“段落”组的“居中”按钮,使表格居中。

12. 在表格前插入标题的方法是:选中表格,执行剪切操作,接着按 Enter 键产生一个空行,此时光标自动移到第 2 行,在此处粘贴表格后,再将光标移到第 1 行输入标题“乐器销售统计表”。在“开始”选项卡“字体”组的“字体”下拉列表中选择“黑体”选项,在“字号”下拉列表中选择“四号”选项,单击“加粗”按钮,单击“段落”组的“居中”按钮。将修改后的文档保存,完成操作。

案例 3:制作手抄报《图形的魅力》

手抄报《图形的魅力》的效果如图 6 - 4 所示。

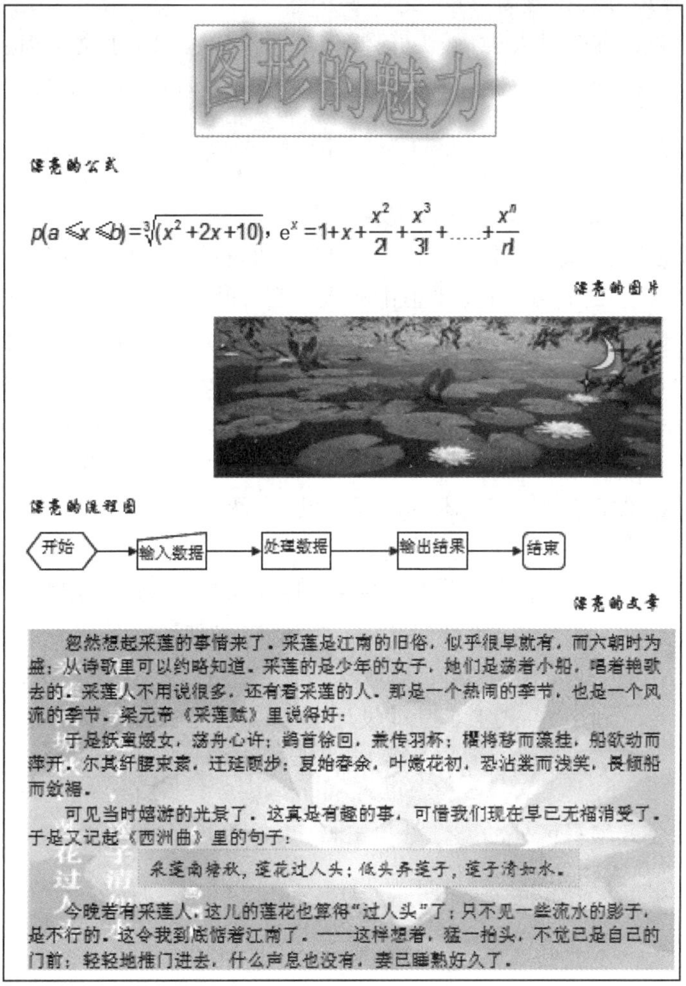
图形的魅力
漂亮的公式
$p(a\leqslant x\leqslant b)=\sqrt[3]{(x^2+2x+10)}$，$e^x=1+x+\frac{x^2}{2!}+\frac{x^3}{3!}+\dots\dots+\frac{x^n}{n!}$
漂亮的图片
漂亮的流程图
开始
输入数据
处理数据
输出结果
结束
漂亮的文章
忽然想起采莲的事情来了。采莲是江南的旧俗，似乎很早就有，而六朝时为盛；从诗歌里可以约略知道。采莲的是少年的女子，她们是荡着小船，唱着艳歌去的。采莲人不用说很多，还有看采莲的人。那是一个热闹的季节，也是一个风流的季节。梁元帝《采莲赋》里说得好：
于是妖童媛女，荡舟心许；鹢首徐回，兼传羽杯；櫂将移而藻挂，船欲动而萍开。尔其纤腰束素，迁延顾步；夏始春余，叶嫩花初，恐沾裳而浅笑，畏倾船而敛裾。
可见当时嬉游的光景了。这真是有趣的事，可惜我们现在早已无福消受了。于是又记起《西洲曲》里的句子：
采莲南塘秋，莲花过人头；低头弄莲子，莲子清如水。
今晚若有采莲人，这儿的莲花也算得"过人头"了；只不见一些流水的影子，是不行的。这令我到底惦着江南了。——这样想着，猛一抬头，不觉已是自己的门前；轻轻地推门进去，什么声息也没有，妻已睡熟好久了。

图 6－4　手抄报《图形的魅力》的效果

◈**操作要求**

1. 将文件保存在 E:\Word3 目录下，命名为 w5. docx。

2. 将标题"图形的魅力"设置为艺术字。艺术字样式为"填充-橙色，着色 2，轮廓-着色 2"，艺术字文本效果为"阴影-透视-右上对角透视""发光-发光变体-橙色，11 pt 发光，个性色 2""转换-弯曲-波形 1"。适当调整艺术字的大小和位置。

3. 插入第 1 张图片"荷塘. jpg"（可以是其他与荷塘有关的图片）并进行适当调整，如增加对比度、降低亮度等，环绕方式设置为"嵌入型"。

4. 绘制自选图形"新月形"和"十字星"。对已绘制的"新月形"图形进行如下修改：改变图形大小，修改图形的形状，调整图形的角度，设置图形的填充色为"黄色"。将已绘制的"十字星"图形复制两个。将星星、月亮图形组合成一个整体，调整这个组合对象的大小，并将其移动到图片"荷塘. jpg"之上。

5. 插入流程图并添加文字。

6. 把第 2 张图片"采莲. jpg"（可以是其他与采莲有关的图片）调整到适当大小，将图片设置为“冲蚀”效果,环绕方式设置为“衬于文字下方”。

7. 为“采莲南塘秋,莲花过人头;低头弄莲子,莲子清如水。”添加文本框。将文本框的填充色设置为预设渐变“浅色渐变-个性色 6”,类型为“射线”,方向为“从中心”,边框线为紫色圆点虚线,线型为 1.5 pt 实线。

◈操作步骤

1. 启动 Word 2016,进入 Word 2016 的工作窗口。

2. 单击“插入”选项卡“文本”组的“艺术字”下拉按钮,在展开的艺术字样式库中选择“填充-橙色,着色 2,轮廓-着色 2”选项,在文本框中输入文字“图形的魅力”。选中输入的文字,在“绘图工具”→“格式”选项卡的“艺术字样式”组中单击“文本效果”下拉按钮,在打开的文本效果库中选择“阴影”选项,在“透视”区选择“右上对角透视”选项;再次单击“文本效果”下拉按钮,在打开的文本效果库中选择“发光”选项,在“发光变体”区选择“橙色,11 pt 发光,个性色 2”选项;继续单击“文本效果”下拉按钮,在打开的文本效果库中选择“转换”选项,在“弯曲”区选择“波形 1”选项。拖动“图形的魅力”艺术字四周的尺寸句柄,适当调整艺术字的大小,并移动到合适位置。

3. 在适当位置输入文字“漂亮的公式”,利用“开始”选项卡“字体”组的相应按钮,设置字体为“华文行楷”,字号为“小四”,单击“段落”组的“左对齐”按钮。

4. 将光标定位在下一行,单击“插入”选项卡“符号”组的“公式”下拉按钮,在下拉菜单中选择“插入新公式”命令。利用“公式工具”→“设计”选项卡在公式编辑区内输入如下公式:

$$p(a \leqslant x \leqslant b) = \sqrt[3]{(x^2 + 2x + 10)}, \mathrm{e}^x = 1 + x + \frac{x^2}{2!} + \frac{x^3}{3!} + \cdots + \frac{x^n}{n!}$$

输入完成后在公式编辑区外的空白处单击,结束输入。单击公式,拖动尺寸句柄,适当调整公式的大小,并将公式移动到合适位置。

5. 在适当位置输入文字“漂亮的图片”,利用“开始”选项卡“字体”组的相应按钮,设置字体为“华文行楷”,字号为“小四”,单击“段落”组的“右对齐”按钮。

6. 将光标定位在下一行,单击“插入”选项卡“插图”组的“图片”按钮,打开“插入图片”对话框,选择准备好的“荷塘.jpg”图片插入。选中图片,拖动尺寸句柄,适当调整图片的大小,并移动到合适位置。在“图片工具”→“格式”选项卡的“调整”组中单击“更正”下拉按钮,在下拉菜单的“亮度/对比度”区中选择合适的效果;接着在“排列”组中单击“环绕文字”下拉按钮,在下拉菜单中选择“嵌入型”命令。

7. 单击“插入”选项卡“插图”组的“形状”下拉按钮,在形状库中的“基本形状”区中选择“新月形”选项,在合适的地方画好图形,并拖动尺寸句柄适当改变图形的大小和形状。移动光标到图形上方的旋转句柄处,光标变成圆圈状,拖动将图形旋转到合适位置。在“形状样式”组中单击“形状填充”下拉按钮,在下拉菜单的“标准色”区中选择“黄色”选项。用同样的方法画好星星,并复制两个,分别修改每个图形的形状,调整图形的角度,设置图形的填充色,并将 3 个图形移动到合适的位置。按住 Ctrl 键,依次单击月亮和每个星星,再在图形上右击,在弹出的快捷菜单中选择“组合”→“组合”命令,调整这个组合对象的大小并将其移动到图片“荷塘.jpg”之上。

8. 在适当位置输入文字“漂亮的流程图”,利用“开始”选项卡“字体”组的相应按钮,设置字体为“华文行楷”,字号为“小四”,单击“段落”组的“左对齐”按钮。

9. 将光标移至下一行，单击“插入”选项卡“插图”组的“形状”下拉按钮，在形状库中选择“流程图”中的相应图形，在合适的地方绘制图形。在“绘图工具”→“格式”选项卡的“形状样式”组中，选择形状库中的样式“彩色填充-黑色，深色 1”选项，再单击该组的“形状轮廓”下拉按钮，在下拉菜单中选择“粗细”→“1 磅”命令。在图形上右击，在弹出的快捷菜单中选择“添加文字”命令，输入相应文字。单击“插入”选项卡“插图”组的“形状”下拉按钮，在下拉菜单中单击“线条”区的“箭头”按钮↘，画出向右的箭头。重复以上操作，继续插入其他形状，直至流程图绘制完成。

10. 在适当位置输入文字“漂亮的文章”，利用“开始”选项卡“字体”组的相应按钮，设置字体为“华文行楷”，字号为“小四”，单击“段落”组的“右对齐”按钮。

11. 输入文字“忽然想起采莲的事情来了。……妻已睡熟好久了。”。

12. 单击“插入”选项卡“插图”组的“图片”按钮，打开“插入图片”对话框，选择准备好的“采莲.jpg”图片插入，拖动尺寸句柄，将图片调整到合适大小。单击“图片工具”→“格式”选项卡的“调整”组的“颜色”下拉按钮，在打开的颜色库的“重新着色”区中选择“冲蚀”选项。在“排列”组中单击“环绕文字”下拉按钮，在下拉菜单中选择“衬于文字下方”命令。

13. 单击“插入”选项卡“插图”组的“形状”下拉按钮，在展开的形状库的“基本形状”区中选择“文本框”选项，在合适的位置绘制文本框。选中文字“采莲南塘秋，莲花过人头；低头弄莲子，莲子清如水。”，按 Ctrl＋X 快捷键，再单击文本框，按 Ctrl＋V 快捷键，将文字粘贴到文本框中。选中文本框，右击，在弹出的快捷菜单中选择“设置形状格式”命令，打开“设置形状格式”任务窗格。在“填充”栏中选中“渐变填充”单选按钮，单击“预设渐变”下拉按钮，在预设颜色库中选择“浅色渐变-个性色 6”选项，在“类型”下拉列表中选择“射线”选项，单击“方向”下拉按钮，在方向库中选择“从中心”选项。在“线条”栏中选中“实线”单选按钮，单击“颜色”下拉按钮，在展开的颜色库中选择“紫色”选项，在“宽度”数值框中输入 1.5 pt，在“短画线类型”下拉列表中选择“圆点”选项。单击“设置形状格式”任务窗格的“关闭”按钮。

14. 单击“文件”按钮，在菜单中选择“保存”命令，在“另存为”界面中单击“浏览”按钮，打开“另存为”对话框。在地址栏中输入 E:\Word3，在“文件名”组合框中输入 w5，单击“保存”按钮。

6.3　验证性实验

制作表格

【实验 1】

建立如图 6－5 所示的便民集团销售统计表，以文件名 w6.docx 保存在 E:\Word3 目录下，并进行以下操作。

	一季度/万元	二季度/万元	三季度/万元	四季度/万元
福星店	2824.0	2239.0	2569.0	3890.0
西湖店	2589.0	3089.0	4120.0	4500.0
盐城店	1389.0	2209.0	2556.0	3902.0
南山店	1120.0	2498.0	3001.0	3450.0

图 6－5　便民集团销售统计表

1. 在表格底部添加一空行,在该行第 1 个单元格内输入行标题“平均值”,在该行其余单元格中计算并填入相应列中数据的平均值,平均值保留 1 位小数。

2. 在表格最右边添加一列,设置列标题为“全年/万元”,计算各店全年的销售额总和,保留 1 位小数,然后按本列降序排列表格内容。

3. 将表格中第 1 行和第 1 列的内容水平居中对齐,其他单元格的内容在水平方向两端对齐,在竖直方向靠下对齐。

4. 给表格自动套用样式“网格表 6 彩色-着色 5”,并将表格居中放置。

5. 在表格顶端添加标题“便民集团销售统计表”,并设置字体为小二、隶书、加粗,居中对齐,最后以原文件名保存文档。

表格的计算和格式化效果如图 6 - 6 所示。

便民集团销售统计表

	一季度/万元	二季度/万元	三季度/万元	四季度/万元	全年/万元
福星店	2824.0	2239.0	2569.0	3890.0	11522.0
西湖店	2589.0	3089.0	4120.0	4500.0	14298.0
盐城店	1389.0	2209.0	2556.0	3902.0	10056.0
南山店	1120.0	2498.0	3001.0	3450.0	10069.0
平均值	1980.5	2508.8	3061.5	3935.5	

图 6 - 6　表格的计算和格式化效果

【实验 2】

打开保存在 E:\Word2 目录下的 w2.docx 文件,将前 5 段正文复制到一个新文件中,各段之间空一行,并以 w7.docx 为文件名保存在 E:\Word3 目录下,然后进行如下操作。

1. 在第 1 段前插入艺术字“美丽的春天”,艺术字样式为“填充-橙色,着色 2,轮廓-着色 2”,文本效果为“发光-发光变体-橙色,11 pt 发光,个性色 2”,“转换-弯曲-波形 2”。

2. 插入蝴蝶剪贴画,将其缩小到 20%,环绕方式为“紧密型环绕”;插入花朵剪贴画,将图片的高度和宽度均设置为 3 cm,环绕方式为“衬于文字下方”,并作为水印放在如图 6 - 7 所示的位置。(注意:蝴蝶和花朵剪贴画是联机图片,可以通过“剪贴画”任务窗格搜索图片,此时计算机应联网操作。)

3. 插入竖排文本框,设置文本框样式为“细微效果-橙色,强调颜色 2”,形状效果为“阴影-透视-左上对角透视”。

4. 利用自选图形绘制流程图,组合各个图形并设置填充色为“浅蓝”。

5. 在文末输入如下公式,并设置填充色为“浅绿”:

$$F(y)=\int_{y}^{y^2} e^{-x^2 y}\,dx+\prod_{y=1}^{100} y^2+\sqrt[3]{\frac{y+1}{y-1}+1}$$

6. 将文档以原文件名保存。

短文的排版效果如图 6 - 7 所示。

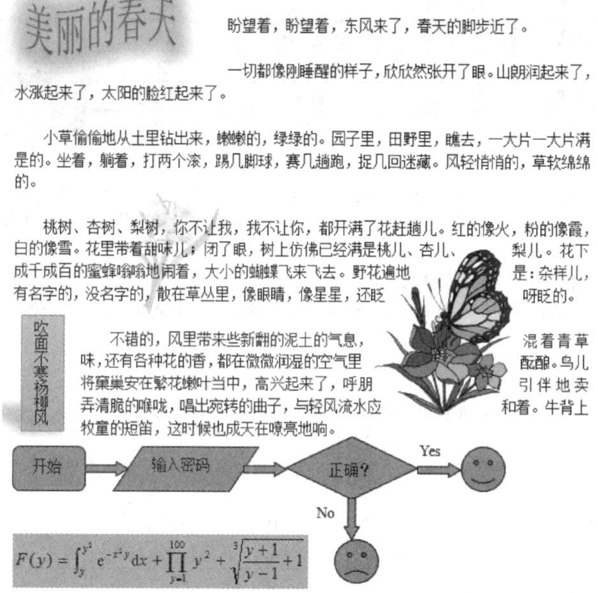
美丽的春天
盼望着，盼望着，东风来了，春天的脚步近了。
一切都像刚睡醒的样子，欣欣然张开了眼。山朗润起来了，水涨起来了，太阳的脸红起来了。
小草偷偷地从土里钻出来，嫩嫩的，绿绿的。园子里，田野里，瞧去，一大片一大片满是的。坐着，躺着，打两个滚，踢几脚球，赛几趟跑，捉几回迷藏。风轻悄悄的，草软绵绵的。
开始
输入密码
正确？
Yes
No

图6-7 短文的排版效果

6.4 设计性实验

1.收集文字和相关素材制作一份手抄报，如图6-8所示。

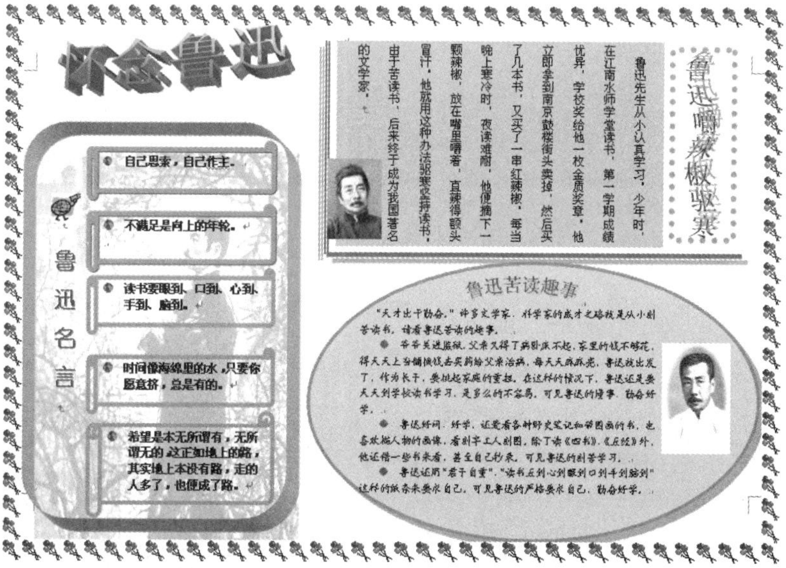
怀念鲁迅
鲁迅名言
自己思索，自己作主。
不满足是向上的车轮。
鲁迅苦读趣事

图6-8 手抄报

2.制作一份个人简历，要求图文并茂，兼具表格。图形可以是自己的相片，自我介绍可以包括姓名、性别、出生年月、民族、籍贯、个人成长经历、自我鉴定、业余爱好等。个人简历的格式可以参考图6-9。

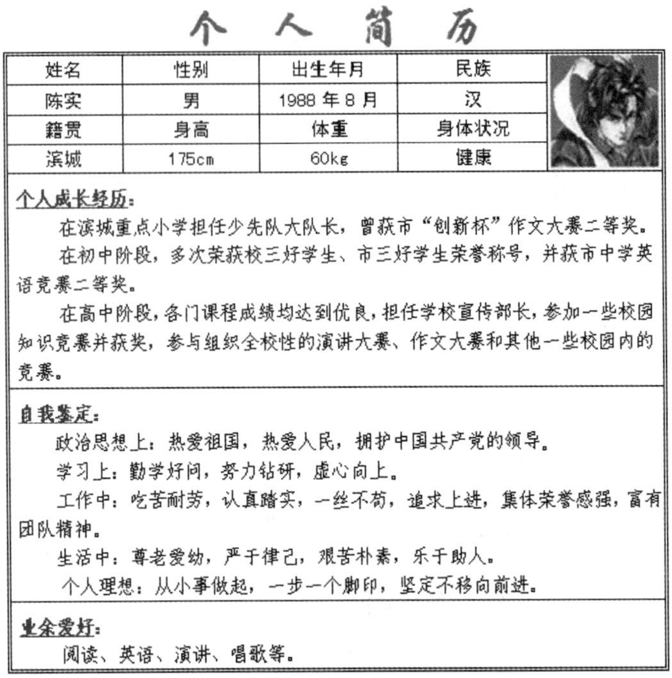

个 人 简 历

姓名	性别	出生年月	民族	
陈实	男	1988年8月	汉	
籍贯	身高	体重	身体状况	
滨城	175cm	60kg	健康	

个人成长经历：

在滨城重点小学担任少先队大队长，曾获市“创新杯”作文大赛二等奖。

在初中阶段，多次荣获校三好学生、市三好学生荣誉称号，并获市中学英语竞赛二等奖。

在高中阶段，各门课程成绩均达到优良，担任学校宣传部长，参加一些校园知识竞赛并获奖，参与组织全校性的演讲大赛、作文大赛和其他一些校园内的竞赛。

自我鉴定：

政治思想上：热爱祖国，热爱人民，拥护中国共产党的领导。

学习上：勤学好问，努力钻研，虚心向上。

工作中：吃苦耐劳，认真踏实，一丝不苟，追求上进，集体荣誉感强，富有团队精神。

生活中：尊老爱幼，严于律己，艰苦朴素，乐于助人。

个人理想：从小事做起，一步一个脚印，坚定不移向前进。

业余爱好：

阅读、英语、演讲、唱歌等。

图6-9 个人简历的格式

实验7 Excel 2016工作表操作与图表制作

7.1 实验目的

1.熟练掌握在工作表中输入数据的方法。

2.熟练掌握在工作表中应用公式和函数的方法。

3.熟练掌握工作表的编辑和格式化操作。

4.熟练掌握图表的创建、编辑和格式化。

7.2 实验内容

案例:学生成绩表(1)

◈**操作要求**

1.建立如图7-1所示的学生成绩表(表中为模拟数据),将彭佩的英语成绩改为86分,在史匀上方添加郑凯的成绩记录“郑凯、电子系、男、54、68、70”。

	A	B	C	D	E	F
1	学生成绩表					
2	姓名	单位	性别	数学	英语	计算机
3	刘铁	电子系	男	70	53	66
4	孙刚	管理系	男	80	88	83
5	陈凤	经济系	女	86	77	92
6	沈阳	电子系	男	90	71	86
7	秦强	电子系	男	92	78	85
8	陆斌	管理系	男	79	70	90
9	邹蕾	经济系	女	65	46	72
10	彭佩	经济系	女	77	68	80
11	史匀	经济系	男	94	83	89

图7-1 学生成绩表

2.在表格最右边增加一列“总分”,在表格最下边增加一行“各科平均分”,并将各位学生的总分和各科平均分计算出来。

3.表格格式化。将A1:G1单元格区域合并为一个单元格,用于输入表格的标题;将标题文字的格式设置为黑体、18 pt、加粗,文字在水平方向和垂直方向均为居中显示;给工作表加边框线,外框为粗线,内框为细线;给“姓名”所在行添加“浅绿”底纹;对不及格的成绩设置格式,颜色为“红色”,加粗,倾斜,单元格底纹为“黄色”。

4.根据各科成绩和学生姓名生成一个柱形图,图表标题为“学生成绩表”,横坐标轴标题为“姓名”,纵坐标轴标题为“分数”,将柱形图嵌入学生成绩表的下方。

5.将文件保存在E盘的Excel1文件夹中,并命名为e1. xlsx。

◈**操作步骤**

1.进入E盘窗口,在窗口空白处右击,在弹出的快捷菜单中选择“新建”→“文件夹”命令,输入文件夹名 Excel1,按 Enter 键。

2. 启动 Excel 2016,进入 Excel 2016 的工作窗口。

3. 双击单元格,输入学生成绩表的内容。其中,“单位”列中有许多重复数据,这些数据可以通过 Excel 提供的快速输入法输入,即输入完第一个字符后,根据系统的提示按 Enter 键完成其他字符的输入。

4. 双击 E10 单元格,将成绩由 68 改为 86。将光标停留在“史匀”单元格上,右击,在弹出的快捷菜单中选择“插入”命令,打开“插入”对话框。选中“整行”单选按钮,单击“确定”按钮,则在该处插入一个空行,然后在该行输入郑凯的成绩记录。

5. 双击 G2 单元格,输入“总分”;双击 A13 单元格,输入“各科平均分”。

6. 双击 G3 单元格,单击“公式”选项卡“函数库”组的“自动求和”下拉按钮,在下拉菜单中选择“求和”命令,确认公式正确后按 Enter 键,即可自动将求和结果输入 G3 单元格中。然后用自动填充的方法计算其他学生的总分,即单击 G3 单元格,将光标移至 G3 单元格的右下角填充柄处,当光标由空心粗十字形变为实心细十字形时,拖动至 G12 单元格。

7. 双击 D13 单元格,使用插入函数的方法求平均分。单击“公式”选项卡“函数库”组的“插入函数”按钮,或单击编辑栏中的 fx 按钮,打开“插入函数”对话框。在“选择函数”列表框中选择“AVERAGE”选项,单击“确定”按钮,打开“函数参数”对话框。在 Number1 文本框中输入 D3:D12,单击“确定”按钮,再用自动填充的方法求其他学科的平均分。

8. 选中 A1:G1 单元格区域,单击“开始”选项卡“对齐方式”组的“合并后居中”按钮。然后在合并后的单元格中右击,在弹出的快捷菜单中选择“设置单元格格式”命令,打开“设置单元格格式”对话框。单击“字体”选项卡,字体选择“黑体”选项,字形选择“加粗”选项,字号选择“18”选项,单击“确定”按钮。选中 A2:G13 单元格区域,右击,在弹出的快捷菜单中选择“设置单元格格式”命令,打开“设置单元格格式”对话框。单击“边框”选项卡,样式选择“粗线”,单击“预置”栏中的“外边框”按钮,接着样式选择“细线”,单击“预置”栏中的“内部”按钮,单击“确定”按钮。选中 A2:G2 单元格区域,右击,在弹出的快捷菜单中选择“设置单元格格式”命令,打开“设置单元格格式”对话框。单击“填充”选项卡,背景色选择“浅绿”选项,单击“确定”按钮。选中 D3:F12 单元格区域,单击“开始”选项卡“样式”组的“条件格式”下拉按钮,在下拉菜单中选择“突出显示单元格规则”→“小于”命令,打开“小于”对话框。在文本框中输入 60,在“设置为”下拉列表中选择“自定义格式”选项,如图 7-2 所示,接着在打开的“设置单元格格式”对话框的“字体”选项卡中设置单元格文字为“红色”“加粗倾斜”,在“填充”选项卡中设置底纹为“黄色”,连续单击“确定”按钮。

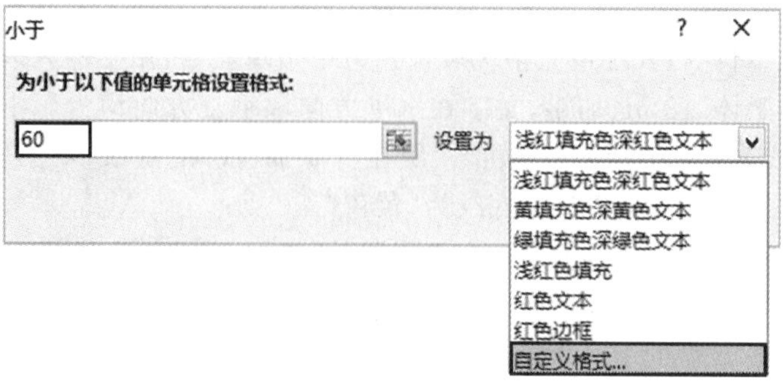

图 7-2 “小于”对话框

9. 选中 A2:A12 和 D2:F12 单元格区域，单击“插入”选项卡“图表”组的“插入柱形图或条形图”下拉按钮，在柱形图库中的“二维柱形图”区选择“簇状柱形图”选项，接着单击出现的“图表工具”→“设计”选项卡的“图表布局”组的“添加图表元素”下拉按钮，在下拉菜单中选择“图表标题”→“图表上方”命令，输入图表标题“学生成绩表”；单击“添加图表元素”组的“轴标题”下拉按钮，在下拉菜单中选择“主要横坐标轴”命令，输入标题“姓名”；继续单击“添加图表元素”组的“轴标题”下拉按钮，在下拉菜单中选择“主要纵坐标轴”命令，输入标题“分数”。最后将图表移到数据表下方，如图 7－3 所示。

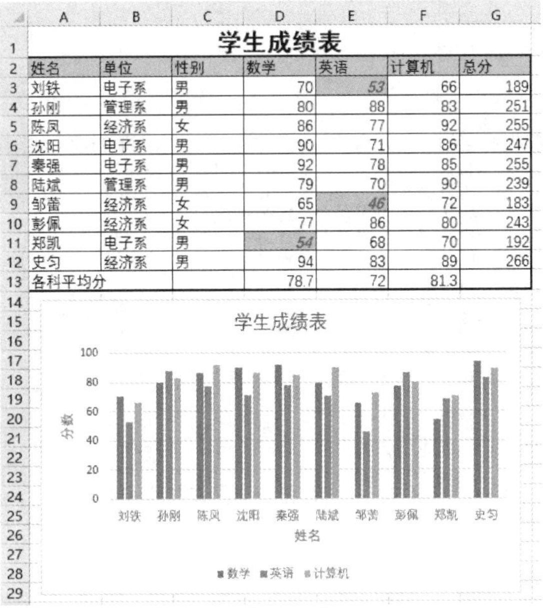

学生成绩表

姓名	单位	性别	数学	英语	计算机	总分
刘铁	电子系	男	70	53	66	189
孙刚	管理系	男	80	88	83	251
陈凤	经济系	女	86	77	92	255
沈阳	电子系	男	90	71	86	247
秦强	电子系	男	92	78	85	255
陆斌	管理系	男	79	70	90	239
邹蕾	经济系	女	65	46	72	183
彭佩	经济系	女	77	86	80	243
郑凯	电子系	男	54	68	70	192
史匀	经济系	男	94	83	89	266
各科平均分			78.7	72	81.3	

图 7－3　学生成绩表及其对应的柱形图

10. 单击“文件”按钮，在菜单中选择“保存”命令，在“另存为”界面中单击“浏览”按钮，打开“另存为”对话框。在地址栏中输入 E:\Excel1，在“文件名”组合框中输入文件名 e1，单击“保存”按钮。

7.3　验证性实验

图表制作

【实验 1】

新建一个工作簿文件 e2. xlsx，保存在 E:\Excel1 目录下。根据下列已知数据建立一个抗洪救灾捐献统计表（存放在 A1:D5 单元格区域），将当前 Sheet1 工作表更名为“抗洪救灾捐献统计表”。

单位	捐款/万元	实物/件	折合人民币/万元
第一部门	1.95	89	2.45
第二部门	1.2	87	1.67
第三部门	0.95	52	1.30
总计			

1. 计算各项捐献的总计,分别填入“总计”行的相应列中。

2. 选择“单位”和“折合人民币/万元”两列数据(不包含“总计”行),绘制部门捐款的三维饼图。要求有图例并显示各部门捐款总额占三部门捐款总额的百分比,图表标题为“各部门捐款总额百分比图”。将图表嵌入数据表的下方。

【实验2】

建立海润公司员工工资表(表中为模拟数据),如图7-4所示,计算各个员工的实发工资,并对员工工资表进行格式化(见图7-5),然后以e3.xlsx为文件名保存在E:\Excel1目录下。

N20 fx

	A	B	C	D	E	F	G	H	I	J	K
1	海润公司员工工资表										
2	序号	姓名	部门代码	部门	职务	出生年月	基本工资	津贴	奖金	扣款额	实发工资
3	1	钟凝	0132	销售部	业务员	1984-07-02	7500	1450	1200	1598	
4	2	李凌	0132	销售部	业务员	1992-12-23	5400	1260	890	1586.5	
5	3	薛海仓	0132	销售部	业务员	1985-04-25	7000	1320	780	1566.5	
6	4	胡梅	0132	销售部	业务员	1996-07-23	5840	1270	830	1558	
7	5	周明明	0259	财务部	会计	1987-06-03	7000	1350	400	1548.5	
8	6	张和平	0259	财务部	出纳	1992-09-03	5250	1230	290	1578	
9	7	郑裕同	0368	技术部	技术员	1994-10-03	5180	1210	540	1569	
10	8	郭丽明	0369	技术部	工程师	1986-07-09	6900	1280	350	1545.5	
11	9	赵海	0370	技术部	工程师	1986-08-23	7600	1540	650	1566	
12	10	郑黎明	0371	技术部	技术员	1991-03-12	5880	1270	420	1556	
13	11	潘越明	0259	财务部	会计	1995-09-28	5450	1290	350	1553.5	
14	12	王海涛	0132	销售部	业务员	1992-10-12	6300	1400	1000	1588	
15	13	罗晶晶	0132	销售部	业务员	1987-09-28	6930	1300	650	1565	

图7-4 海润公司员工工资表

	A	B	C	D	E	F	G	H	I	J	K
1	海润公司员工工资表										
2	序号	姓名	部门代码	部门	职务	出生年月	基本工资	津贴	奖金	扣款额	实发工资
3	1	钟凝	0132	销售部	业务员	1984年7月2日	¥7,500.00	¥1,450.00	¥1,200.00	¥1,598.00	¥8,552.00
4	2	李凌	0132	销售部	业务员	1992年12月23日	¥5,400.00	¥1,260.00	¥890.00	¥1,586.50	¥5,963.50
5	3	薛海仓	0132	销售部	业务员	1985年4月25日	¥7,000.00	¥1,320.00	¥780.00	¥1,566.50	¥7,533.50
6	4	胡梅	0132	销售部	业务员	1996年7月23日	¥5,840.00	¥1,270.00	¥830.00	¥1,558.00	¥6,382.00
7	5	周明明	0259	财务部	会计	1987年6月3日	¥7,000.00	¥1,350.00	¥400.00	¥1,548.50	¥7,201.50
8	6	张和平	0259	财务部	出纳	1992年9月3日	¥5,250.00	¥1,230.00	¥290.00	¥1,578.00	¥5,192.00
9	7	郑裕同	0368	技术部	技术员	1994年10月3日	¥5,180.00	¥1,210.00	¥540.00	¥1,569.00	¥5,361.00
10	8	郭丽明	0369	技术部	工程师	1986年7月9日	¥6,900.00	¥1,280.00	¥350.00	¥1,545.50	¥6,984.50
11	9	赵海	0370	技术部	工程师	1986年8月23日	¥7,600.00	¥1,540.00	¥650.00	¥1,566.00	¥8,224.00
12	10	郑黎明	0371	技术部	技术员	1991年3月12日	¥5,880.00	¥1,270.00	¥420.00	¥1,556.00	¥6,014.00
13	11	潘越明	0259	财务部	会计	1995年9月28日	¥5,450.00	¥1,290.00	¥350.00	¥1,553.50	¥5,536.50
14	12	王海涛	0132	销售部	业务员	1992年10月12日	¥6,300.00	¥1,400.00	¥1,000.00	¥1,588.00	¥7,112.00
15	13	罗晶晶	0132	销售部	业务员	1987年9月28日	¥6,930.00	¥1,300.00	¥650.00	¥1,565.00	¥7,315.00

图7-5 格式化后的员工工资表

1. 标题文字的格式为黑体、22 pt、加粗,表头文字的格式为宋体、14 pt。

2. 标题文字居于表格的正中间,标题文字和表头文字在水平方向和竖直方向均为居中显示,“部门代码”列的数据在水平方向居中显示。

3. 标题行的行高为27(36像素),表头行的行高为21,“姓名”列的列宽为10(字符),将其他所有列均设置为“自动调整列宽”。

4. 设置表格中的数据格式，要求“基本工资”“津贴”“奖金”“扣款额”“实发工资”列的数字保留 2 位小数，并添加千位分隔符和人民币符号￥；“出生年月”列的日期格式形如“1984 年7月 2 日”。

5. 表格边框的设置效果为：表格的外边框为黑色粗线；标题行和表头行的下边框为黑色粗线；表格的内边框为黑色细线。

6. 表格图案（底纹）的设置效果为：标题行的底纹为“黄色”，表头行的单元格底纹为“浅绿”，“序号”和“姓名”列的单元格底纹均为“绿色”。

7. 设置“基本工资”列数据的条件格式：当满足条件“基本工资＞7000 元”时，文字为红色、加粗、倾斜；当满足条件“基本工资＜5500 元”时，文字为白色、加粗、倾斜，单元格底纹为“黄色”。

实验8 Excel 2016数据管理

8.1 实验目的

1.掌握数据排序和筛选的方法。

2.掌握数据分类汇总的方法。

3.掌握数据透视表的操作方法。

8.2 实验内容

案例:学生成绩表(2)

◈操作要求

1.打开 E:\Excel1 目录下的 e1.xlsx 工作簿中的学生成绩表,将学生成绩表(不包括标题、各科平均分,也不包括格式)复制到一个新的工作簿中,保存在 E:\Excel2 目录下,命名为 e1.xlsx。

2.对学生成绩表按总分降序排列,总分相同时按计算机成绩降序排列。将文件保存在 E:\Excel2 目录下,命名为 e2.xlsx。

3.在 e1.xlsx 工作簿(本实验中,此后均指 E:\Excel2 目录下的 e1.xlsx 工作簿)中,筛选学生成绩表中英语成绩在 80～90 分的学生记录。将文件保存在 E:\Excel2 目录下,命名为 e3.xlsx。

4.在 e1.xlsx 工作簿中,求各系学生各门课程的平均分。将文件保存在 E:\Excel2 目录下,命名为 e4.xlsx。

5.在 e1.xlsx 工作簿中,统计各系男、女生的人数。将文件保存在 E:\Excel2 目录下,命名为e5.xlsx。

◈操作步骤

1.进入 E 盘窗口,在窗口空白处右击,在弹出的快捷菜单中选择"新建"→"文件夹"命令,输入文件夹名 Excel2,按 Enter 键。

2.进入 E 盘的 Excel1 文件夹,双击打开其中的 e1.xlsx 工作簿。选中 A2:G12 单元格区域,右击,在弹出的快捷菜单中选择"复制"命令。单击"文件"按钮,在菜单中选择"新建"命令,单击"空白工作簿"按钮,新建一个工作簿。在 A1 单元格上右击,在弹出的快捷菜单中选择"选择性粘贴"命令,打开"选择性粘贴"对话框,选中"数值"单选按钮,如图 8-1 所示,单击"确定"按钮。单击"文件"按钮,在菜单中选择"另存为"命令,在"另存为"界面中单击"浏览"按钮,打开"另存为"对话框,在地址栏中输入 E:\Excel2,在"文件名"组合框中输入文件名 e1,单击"保存"按钮,再关闭该工作簿。

3.打开 E:\Excel2 目录下的 e1.xlsx 工作簿,选中学生成绩表中的任意一个单元格,单击"数据"选项卡"排序和筛选"组的"排序"按钮,打开"排序"对话框。在"主要关键字"下拉列表中选择“总分”选项，在“排序依据”下拉列表中选择“数值”选项，在“次序”下拉列表中选择“降序”选项，单击“添加条件”按钮，在“次要关键字”下拉列表中选择“计算机”选项，在“排序依据”下拉列表中选择“数值”选项，在“次序”下拉列表中选择“降序”选项，单击“确定”按钮。学生成绩表按主要关键字“总分”及次要关键字“计算机”降序排列的结果如图 8－2 所示。单击“文件”按钮，在菜单中选择“另存为”命令，在“另存为”界面中单击“浏览”按钮，打开“另存为”对话框，在地址栏中输入 E:\Excel2，在“文件名”组合框中输入文件名 e2，单击“保存”按钮。

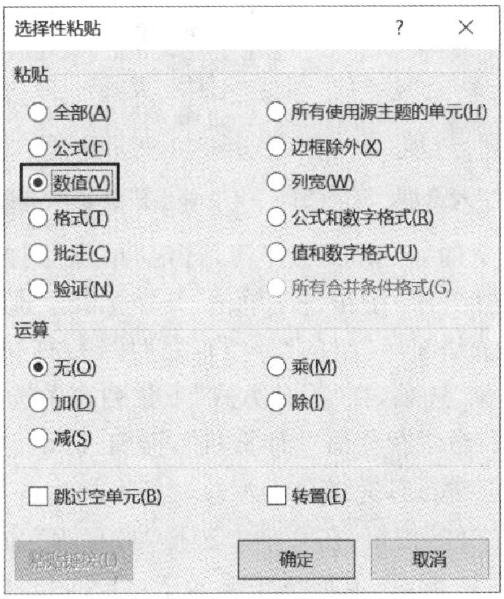

图 8－1　“选择性粘贴”对话框

	A	B	C	D	E	F	G
1	姓名	单位	性别	数学	英语	计算机	总分
2	史匀	经济系	男	94	83	89	266
3	陈凤	经济系	女	86	77	92	255
4	秦强	电子系	男	92	78	85	255
5	孙刚	管理系	男	80	88	83	251
6	沈阳	电子系	男	90	71	86	247
7	彭佩	经济系	女	77	86	80	243
8	陆斌	管理系	男	79	70	90	239
9	郑凯	电子系	男	54	68	70	192
10	刘铁	电子系	男	70	53	66	189
11	邹蕾	经济系	女	65	46	72	183

图 8－2　按主要关键字“总分”及次要关键字“计算机”降序排列的结果

4. 打开 E:\Excel2 目录下的 e1.xlsx 工作簿，选中学生成绩表中的任意一个单元格，单击“数据”选项卡“排序和筛选”组的“筛选”按钮，此时工作表的所有列标题右边出现筛选按钮。单击“英语”列的筛选按钮，在下拉菜单中选择“数字筛选”→“大于或等于”命令，打开“自定义自动筛选方式”对话框。此时，第 1 个条件下拉列表框中出现“大于或等于”选项，在右边的组合框中输入 80，单击第 2 个条件下拉列表框的下拉按钮，选择“小于或等于”选项，在右边的组合框中输入 90，设置两个条件为“与”的关系，如图 8－3 所示，单击“确定”按钮完成筛选。学生成绩表中英语成绩在 80～90 分的筛选结果如图 8－4 所示。单击“文件”按钮，在菜单中选择“另存为”命令，在“另存为”界面中单击“浏览”按钮，打开“另存为”对话框，在地址栏中输入

E:\Excel2,在“文件名”组合框中输入文件名 e3,单击“保存”按钮。

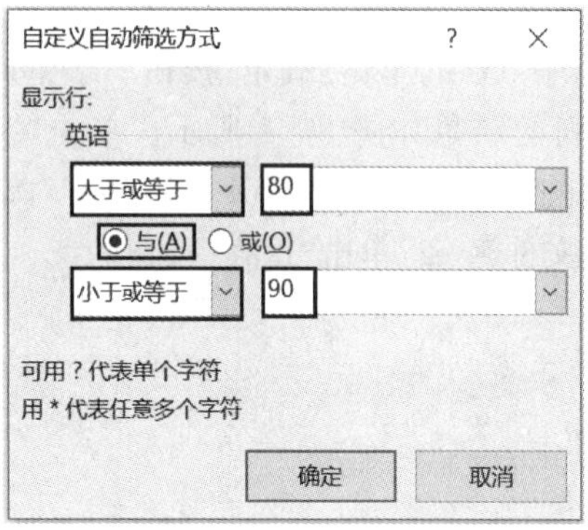

图 8-3 “自定义自动筛选方式”对话框

	A	B	C	D	E	F	G
1	姓名	单位	性别	数学	英语	计算机	总分
3	孙刚	管理系	男	80	88	83	251
9	彭佩	经济系	女	77	86	80	243
11	史匀	经济系	男	94	83	89	266

图 8-4 学生成绩表中英语成绩在 80~90 分的筛选结果

5. 打开 E:\Excel2 目录下的 e1. xlsx 工作簿,选定“单位”列的任意一个单元格,单击“数据”选项卡“排序和筛选”组的“升序”按钮,按“单位”升序排列。选中学生成绩表中的任意一个单元格,单击“数据”选项卡“分级显示”组的“分类汇总”按钮,打开“分类汇总”对话框。在“分类字段”下拉列表中选择“单位”选项,在“汇总方式”下拉列表中选择“平均值”选项,在“选定汇总项”列表框中勾选汇总字段“数学”“英语”“计算机”,再勾选“汇总结果显示在数据下方”复选框,如图 8-5 所示,单击“确定”按钮,完成分类汇总。各系学生各门课程的平均值的分类汇总结果如图 8-6 所示。单击“文件”按钮,在菜单中选择“另存为”命令,在“另存为”界面中单击“浏览”按钮,打开“另存为”对话框,在地址栏中输入 E:\Excel2,在“文件名”组合框中输入文件名 e4,单击“保存”按钮。

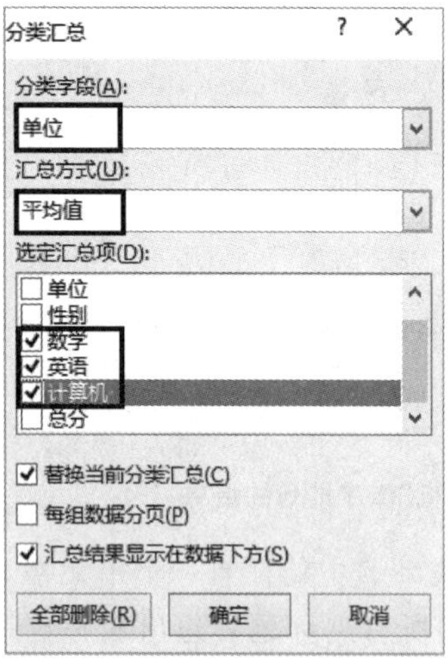

图 8-5 “分类汇总”对话框

	A	B	C	D	E	F	G
1	姓名	单位	性别	数学	英语	计算机	总分
2	刘铁	电子系	男	70	53	66	189
3	沈阳	电子系	男	90	71	86	247
4	秦强	电子系	男	92	78	85	255
5	郑凯	电子系	男	54	68	70	192
6		电子系 平均值		76.5	67.5	76.75	
7	孙刚	管理系	男	80	88	83	251
8	陆斌	管理系	男	79	70	90	239
9		管理系 平均值		79.5	79	86.5	
10	陈凤	经济系	女	86	77	92	255
11	邹蕾	经济系	女	65	46	72	183
12	彭佩	经济系	女	77	86	80	243
13	史匀	经济系	男	94	83	89	266
14		经济系 平均值		80.5	73	83.25	
15		总计平均值		78.7	72	81.3	

图 8-6 各系学生各门课程的平均值的分类汇总结果

6. 打开 E:\Excel2 目录下的 e1. xlsx 工作簿,选中学生成绩表中的任意一个单元格,单击“插入”选项卡“表格”组的“数据透视表”按钮,打开“创建数据透视表”对话框。确认选择要分析的数据区域(如果系统给出的数据区域不正确,用户可用鼠标操作选择数据区域)及数据透视表的放置位置(一般放在新建的工作表中),然后单击“确定”按钮。此时出现“数据透视表字段”任务窗格,把要分类的“单位”字段拖入“行”位置,将“性别”字段拖入“列”位置,使之成为数据透视表的行、列标题，将要汇总的“性别”字段拖入“值”位置，如图 8－7 所示。各系男、女生人数的统计结果如图 8－8 所示。单击“文件”按钮，在菜单中选择“另存为”命令，在“另存为”界面中单击“浏览”按钮，打开“另存为”对话框，在地址栏中输入 E:\Excel2，在“文件名”组合框中输入文件名 e5，最后单击“保存”按钮。

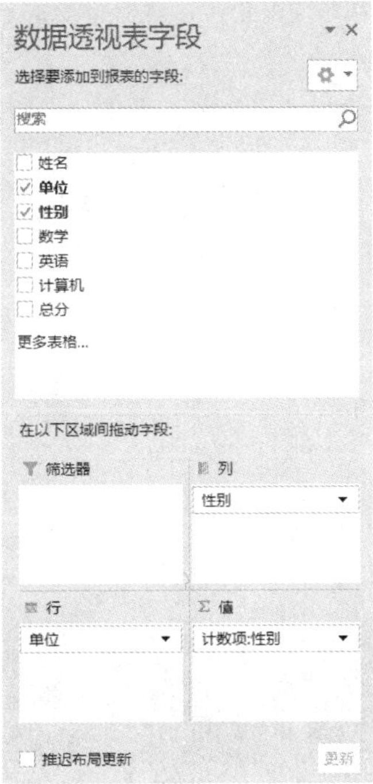

图 8－7　“数据透视表字段”任务窗格

	A	B	C	D
1				
2				
3	计数项:性别	列标签		
4	行标签	男	女	总计
5	电子系	4		4
6	管理系	2		2
7	经济系	1	3	4
8	总计	7	3	10

图 8－8　各系男、女生人数的统计结果

8.3　验证性实验

1. 打开保存在 E:\Excel1 目录下的 e3. xlsx 工作簿，将海润公司员工工资表（不包括表格标题，不包括格式）复制到一个新工作簿中，保存在 E:\Excel2 目录下，将文件命名为 e6. xlsx。

2. 对 e6. xlsx 工作簿中的工资表按基本工资降序排列，若基本工资相同，按津贴降序排列。将排序结果保存在 E:\Excel2 目录下，将文件命名为 e7. xlsx。

3. 在 e6. xlsx 工作簿中，筛选出基本工资大于 7 000 元或基本工资小于 5 500 元的记录。将筛选结果保存在 E:\Excel2 目录下，将文件命名为 e8. xlsx。

4. 在 e6. xlsx 工作簿中，计算各部门的基本工资、实发工资、奖金的平均值。将分类汇总结果保存在 E:\Excel2 目录下，将文件命名为 e9. xlsx。

5. 在计算各部门的基本工资、实发工资、奖金的平均值的基础上，继续对各部门的基本工资、实发工资、奖金求和。将汇总结果保存在 E:\Excel2 目录下，将文件命名为 e10. xlsx。

6. 在 e6. xlsx 工作簿中，计算各部门担任各职务的人数。将数据透视表结果保存在 E:\Excel2 目录下，将文件命名为 e11. xlsx。

实验9 PowerPoint 2016 演示文稿制作

9.1 实验目的

1. 熟练掌握建立演示文稿的方法。
2. 熟练掌握幻灯片的编辑操作。
3. 掌握美化演示文稿的方法。
4. 掌握幻灯片的动画设置方法。
5. 掌握放映演示文稿的方法。

9.2 实验内容

案例:制作温馨贺卡

“温馨贺卡”演示文稿如图 9-1 所示。

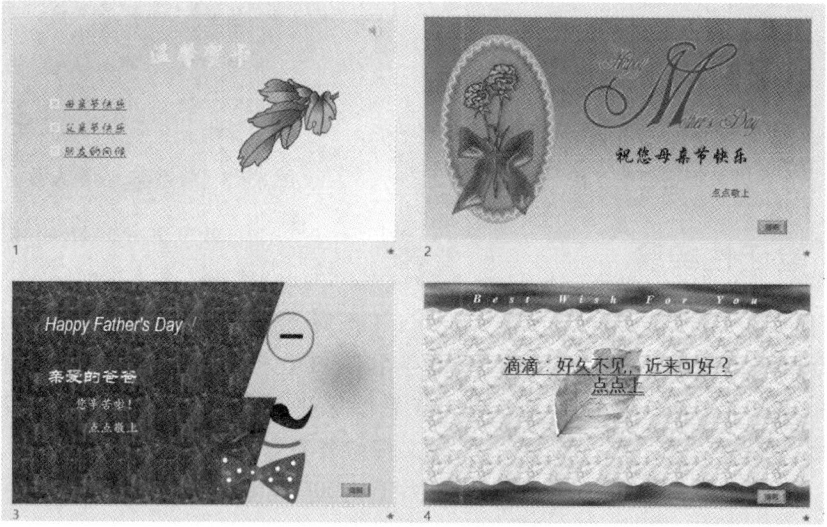
祝您母亲节快乐
点点敬上
Happy Father's Day!
亲爱的爸爸
Best Wish For You
滴滴：好久不见，近来可好？
点点上

图 9-1 “温馨贺卡”演示文稿

◈操作要求

1. 演示文稿中要有超链接、动画效果、动作按钮。设置幻灯片切换效果为“棋盘”。

2. 在演示文稿中插入背景音乐,并设置背景音乐的播放方式。效果为:幻灯片放映开始时播放音乐,一直到幻灯片结束放映,播放时不显示声音图标。

3. 设置放映方式为“演讲者放映”及“循环放映,按 Esc 键终止”,放映并观看演示文稿的播放效果。

4. 将演示文稿保存在 E 盘的 PowerPoint 文件夹中,文件名为 p1. pptx。

◈操作步骤

1.进入 E 盘窗口，在窗口空白处右击，在弹出的快捷菜单中选择“新建”→“文件夹”命令，输入文件夹名 PowerPoint，按 Enter 键。

2.创建“母亲节快乐”幻灯片，如图 9－2 所示。

单击此处添加副标题
祝您母亲节快乐
点点敬上

图 9－2 “母亲节快乐”幻灯片

(1)新建幻灯片。启动 PowerPoint 2016，新建空白演示文稿，新幻灯片的默认版式为“标题幻灯片”。

(2)插入图片。单击“插入”选项卡“图像”组的“图片”按钮，打开“插入图片”对话框，插入“花朵.gif”和“Happy Mother’s Day.gif”两张图片(其他相关图片也可以)，适当地调整图片的大小和位置。

(3)输入文本。在幻灯片的标题区中输入文本“祝您母亲节快乐”，在“开始”选项卡“字体”组中设置字体为“华文行楷”，字号为“48”。在副标题区中输入“点点敬上”，并适当地调整标题占位符和副标题占位符的大小与位置。

(4)将幻灯片背景的填充色设置为渐变色。单击“设计”选项卡“自定义”组的“设置背景格式”按钮，打开“设置背景格式”任务窗格。在“填充”选项卡的“填充”栏中选中“渐变填充”单选按钮，单击“颜色”下拉按钮，在打开的颜色库的“标准色”区选择“红色”选项，如图 9－3 所示，单击任务窗格的“关闭”按钮。

(5)将幻灯片切换效果设置为“棋盘”。单击“切换”选项卡，在“切换到此幻灯片”组的幻灯片切换库的“华丽型”区选择“棋盘”选项。

(6)添加“返回”按钮，单击它可以回到第 1 张幻灯片。单击“插入”选项卡“插图”组的“形状”下拉按钮，在形状库的“动作按钮”区选择“动作按钮：自定义”选项，将动作按钮画在幻灯片右下角的合适位置。在出现的“操作设置”对话框的“单击鼠标”选项卡中选中“超链接到”单选按钮，在下拉列表中选择“第一张幻灯片”选项，单击“确定”按钮。在动作按钮上右击，在弹出的快捷菜单中选择“设置形状格式”命令，打开“设置形状格式”任务窗格。在“填充”选项卡的“填充”栏中选中“渐变填充”单选按钮，单击“预设渐变”下拉按钮，在下拉列表的“主题颜色”区选择“中等渐变，个性色 6”选项；单击“类型”下拉按钮，在下拉列表中选择“矩形”选项；单击“方向”下拉按钮，在下拉列表中选择“从中心”选项。在“效果”选项卡中，单击“三维格式”标签，单击“顶部棱台”下拉按钮，在下拉列表的“棱台”区选择“艺术装饰”选项，如图 9－4 所示，单击任务窗格的“关闭”按钮。在动作按钮上右击，在弹出的快捷菜单中选择“编辑文字”命令，输入文字“返回”，并选中文字，将字体颜色设置为“黑色”。

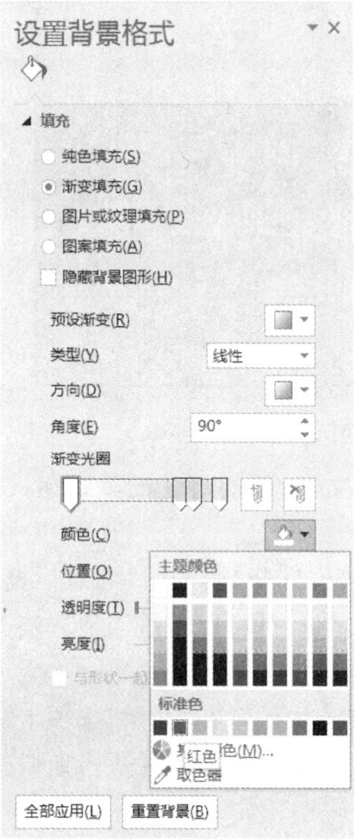

图 9-3 “设置背景格式”任务窗格

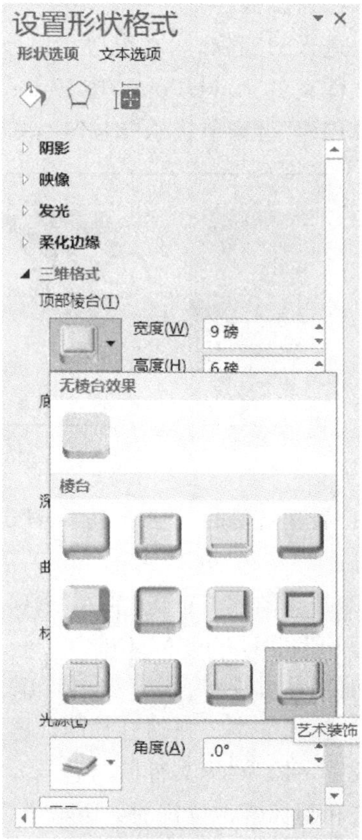

图 9-4 设置“返回”按钮的三维格式

3. 创建“父亲节快乐”幻灯片，如图 9-5 所示。

图 9-5 “父亲节快乐”幻灯片

(1)插入新幻灯片。单击“开始”选项卡“幻灯片”组的“新建幻灯片”下拉按钮，在展开的幻灯片版式库中选择“标题和内容”版式，插入一张新幻灯片。

(2)插入图片和输入文字。单击“插入”选项卡“图像”组的“图片”按钮，打开“插入图片”对话框，插入“人物. gif”和“烟嘴. gif”图片(也可以是其他相关图片)，适当调整图片的大小和位置。依照图 9-5 所示输入需要的文字。

(3)幻灯片格式化。单击“设计”选项卡“自定义”组的“设置背景格式”按钮，打开“设置背景格式”任务窗格。在“填充”选项卡的“填充”栏中选中“图片或纹理填充”单选按钮，单击“纹理”下拉按钮，在下拉列表中选择“绿色大理石”选项，单击任务窗格的“关闭”按钮。删除项目符号，利用“开始”选项卡“字体”组的相应按钮，将幻灯片中所有文字的颜色改为白色，将“您辛苦啦！”和“点点敬上”的字体设置为“楷体”，字号设置为“32”，将“亲爱的爸爸”的字体设置为“华文隶书”，字号设置为“46”，将标题“Happy Father's Day !”的字体设置为“Arial Narrow”，字体样式设置为“倾斜”，字号设置为“48”，并适当调整文字的位置。

(4)设置动画效果。选中“图片 1”(“人物”图片)，单击“动画”选项卡，在“动画”组的动画库中的“进入”区选择“飞入”选项，再单击“动画”组的“效果选项”下拉按钮，在下拉菜单中选择“自右侧”命令。选中标题“Happy Father's Day !”，单击“动画”选项卡，在“动画”组的动画库中选择“更多进入效果”命令，打开“更改进入效果”对话框。在“温和型”区选择“回旋”选项，如图 9-6 所示，单击“确定”按钮。再在“计时”组的“开始”下拉列表中选择“上一动画之后”选项，在“延迟”数值框中输入 01.00，表示启动动画的时间是在上一个动画播放完 1 秒后。单击“切换”选项卡，在“切换到此幻灯片”组的幻灯片切换库的“华丽型”区选择“涡流”选项。

(5)添加“返回”动作按钮，其制作方法与“母亲节快乐”幻灯片中“返回”动作按钮的制作方法相同。

图 9-6 设置“回旋”动画效果

4. 创建“朋友的问候”幻灯片，如图 9-7 所示。

(1)插入新幻灯片。单击“开始”选项卡“幻灯片”组的“新建幻灯片”下拉按钮，在展开的幻灯片版式库中选择“标题幻灯片”版式，插入一张新幻灯片。

(2)插入图片和输入文字。单击“插入”选项卡“图像”组的“图片”按钮，打开“插入图片”对话框，插入“上花边 1. gif”“下花边 1. gif”“绿叶. gif”图片(也可以是其他相关图片)，适当调整图片的大小和位置。右击“绿叶”图片，在弹出的快捷菜单中选择“置于底层”→“置于底层”命令，使图片衬于文字下方。依照图 9-7 所示输入需要的文字。

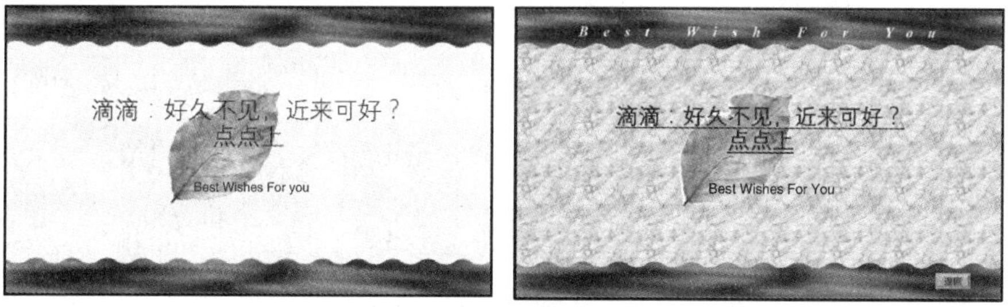

图 9-7 “朋友的问候”幻灯片

(3)幻灯片格式化。单击“设计”选项卡“自定义”组的“设置背景格式”按钮，打开“设置背景格式”任务窗格。在“填充”选项卡的“填充”栏选中“图片或纹理填充”单选按钮，单击“纹理”下拉按钮，在下拉列表中选择“白色大理石”选项，单击任务窗格的“关闭”按钮。利用“开始”选项卡“字体”组和“段落”组的相应按钮，将标题“滴滴：好久不见，近来可好？点点上”的字体格式设置为“44”“加粗”“下画线”，对齐方式为“居中”，将副标题“Best Wishes For You”的字体格式设置为“Times New Roman”“28”“加粗”“白色”，对齐方式为“分散对齐”，并适当调整文字的位置。

(4)设置动画效果。选中"绿叶"图片,用前面介绍的方法设置动画进入效果为"形状"。选中标题"滴滴:好久不见,近来可好? 点点上",设置动画进入效果为"缩放",并设置动画文本效果为"按字母",声音效果为"打字机"。这可以通过单击"动画"选项卡"动画"组右下角的对话框启动器按钮,打开"缩放"对话框进行设置。如图 9-8 所示,在"效果"选项卡的"增强"栏的"声音"下拉列表中选择"打字机"选项,在"动画文本"下拉列表中选择"按字母"选项,单击"确定"按钮。单击"切换"选项卡,在"切换到此幻灯片"组的幻灯片切换库的"华丽型"区选择"框"选项。

图 9-8 设置动画文本及声音

(5)添加"返回"动作按钮,其制作方法与"母亲节快乐"幻灯片中"返回"动作按钮的制作方法相同。

5. 创建"温馨贺卡"幻灯片,如图 9-9 所示。

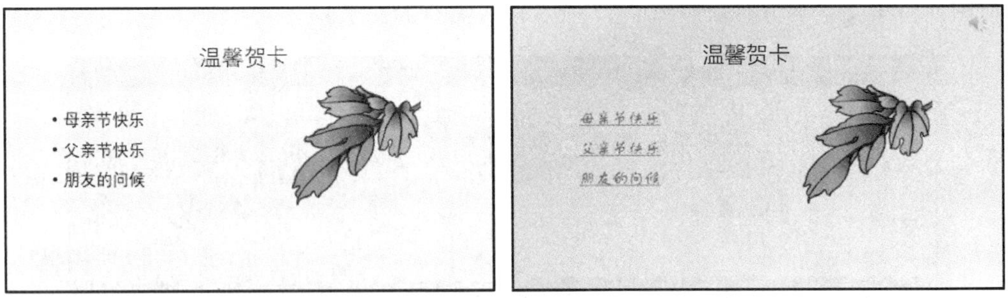

图 9-9 "温馨贺卡"幻灯片

(1)插入新幻灯片。单击"开始"选项卡"幻灯片"组的"新建幻灯片"下拉按钮,在展开的幻灯片版式库中选择"标题和内容"版式,插入一张新幻灯片。

(2)插入图片和输入文字。单击"插入"选项卡"图像"组的"图片"按钮,打开"插入图片"对话框,插入"树叶. gif"图片(也可以是其他相关图片),适当调整图片的大小和位置。依照图 9-9 所示输入需要的文字。

(3)幻灯片格式化。单击"设计"选项卡"自定义"组的"设置背景格式"按钮,打开"设置背景格式"任务窗格。在"填充"选项卡的"填充"栏中选中"渐变填充"单选按钮,单击"预设渐变"

下拉按钮，在下拉列表中选择“浅色渐变-个性色6”选项；单击“类型”下拉按钮，在下拉列表中选择“线性”选项；单击“方向”下拉按钮，在下拉列表中选择“线性对角-右下到左上”选项，如图9-10所示，单击任务窗格的“关闭”按钮。选中文本，单击“开始”选项卡“段落”组的“项目符号”下拉按钮，在下拉菜单中选择“项目符号和编号”命令，打开“项目符号和编号”对话框。将项目符号定义为“□”，颜色设置为“黄色”。利用“开始”选项卡“字体”组的相应按钮，将标题“温馨贺卡”设置为“华文行楷”“66”“黄色”，将文本“母亲节快乐”“父亲节快乐”“朋友的问候”都设置为“方正舒体”“32”，并适当调整文本的位置。

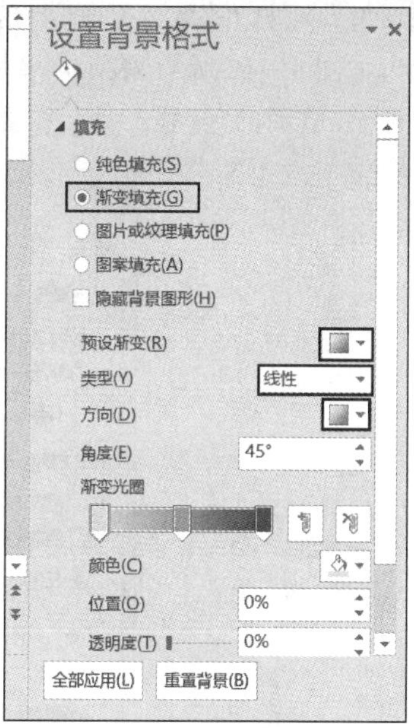

图9-10 “温馨贺卡”幻灯片背景格式的设置

(4)设置动画效果。选中文本“母亲节快乐”“父亲节快乐”“朋友的问候”，用前面介绍的方法设置动画效果为“从底部飞入”。单击“切换”选项卡，在“切换到此幻灯片”组的幻灯片切换库的“动态内容”区选择“旋转”选项。

(5)设置超链接。选中文本“母亲节快乐”，单击“插入”选项卡“链接”组的“超链接”按钮，打开“插入超链接”对话框。在“链接到”列表框中选择“本文档中的位置”选项，在“请选择文档中的位置”列表框中选择“1.祝您母亲节快乐”选项，如图9-11所示，单击“确定”按钮。用同样的方法将“父亲节快乐”“朋友的问候”超链接到相应的幻灯片上。

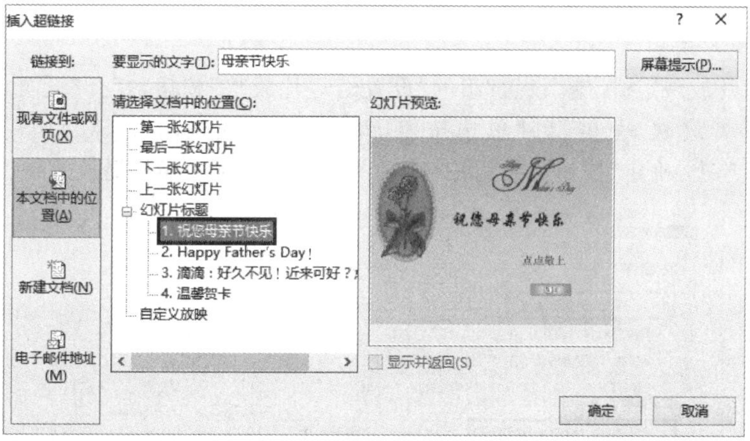

图9-11 “插入超链接”对话框

(6)在普通视图窗格的幻灯片缩略图中，单击“温馨贺卡”幻灯片，将其拖动到第1张幻灯片的位置。

6. 插入背景音乐。

选中第1张幻灯片，单击“插入”选项卡“媒体”组的“音频”下拉按钮，在下拉菜单中选择“PC上的音频”命令，打开“插入音频”对话框，选择背景音乐“致爱丽丝.mp3”(也可以是其他音乐)，单击“插入”按钮。单击“动画”选项卡“高级动画”组的“动画窗格”按钮，打开“动画窗格”任务窗格，在动画列表中单击音频“致爱丽丝.mp3”的下拉按钮，在下拉菜单中选择“效果选项”命令,打开“播放音频”对话框。在“效果”选项卡的“停止播放”栏中设置“在 4 张幻灯片后”,如图 9－12 所示,表示声音一直播放,直到 4 张幻灯片全部播放完后才停止。再选中声音图标,在出现的“音频工具”→“播放”选项卡的“音频选项”组中勾选“放映时隐藏”复选框。

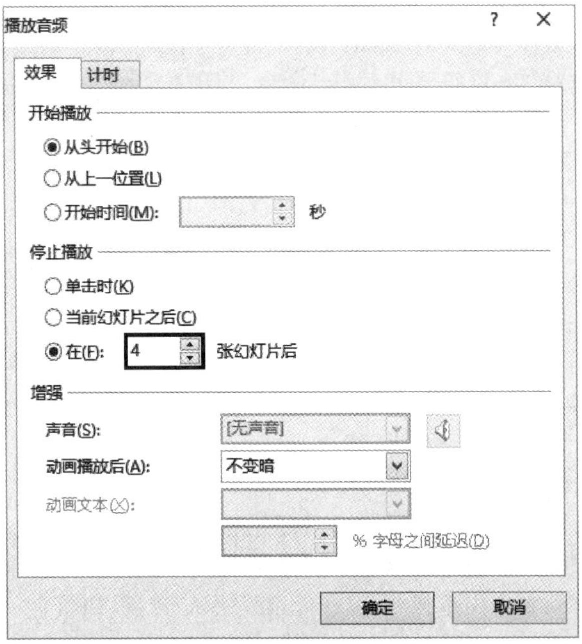

图 9－12　设置声音停止播放的时间

7. 设置放映方式。

单击“幻灯片放映”选项卡“设置”组的“设置幻灯片放映”按钮,打开“设置放映方式”对话框。选中“演讲者放映(全屏幕)”单选按钮,勾选“循环放映,按 ESC 键终止”复选框,如图 9－13 所示,单击“确定”按钮。然后按 F5 功能键观看演示文稿的播放效果。

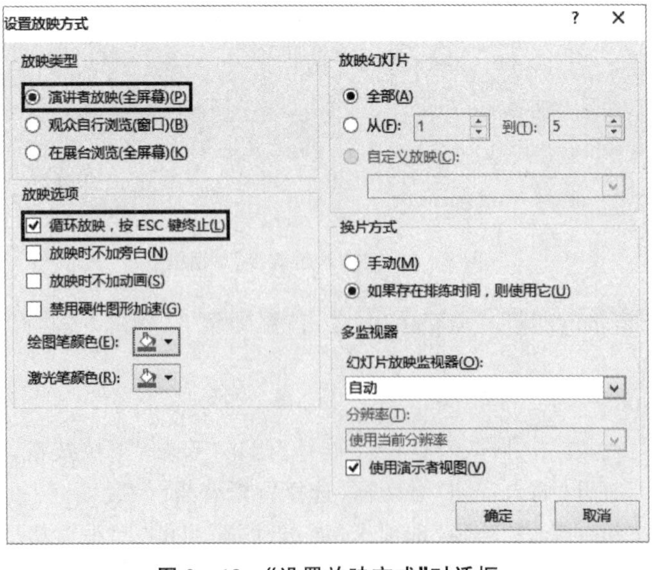

图 9－13　“设置放映方式”对话框

8. 保存演示文稿。

单击“文件”按钮，在菜单中选择“保存”命令，在“另存为”界面中单击“浏览”按钮，打开“另存为”对话框，在地址栏中输入 E:\PowerPoint，在“文件名”组合框中输入文件名 p1，单击“保存”按钮。

演示文稿制作

9.3 验证性实验

建立一个空白演示文稿，在其中输入如图 9－14 所示的内容，并按要求完成下列操作。

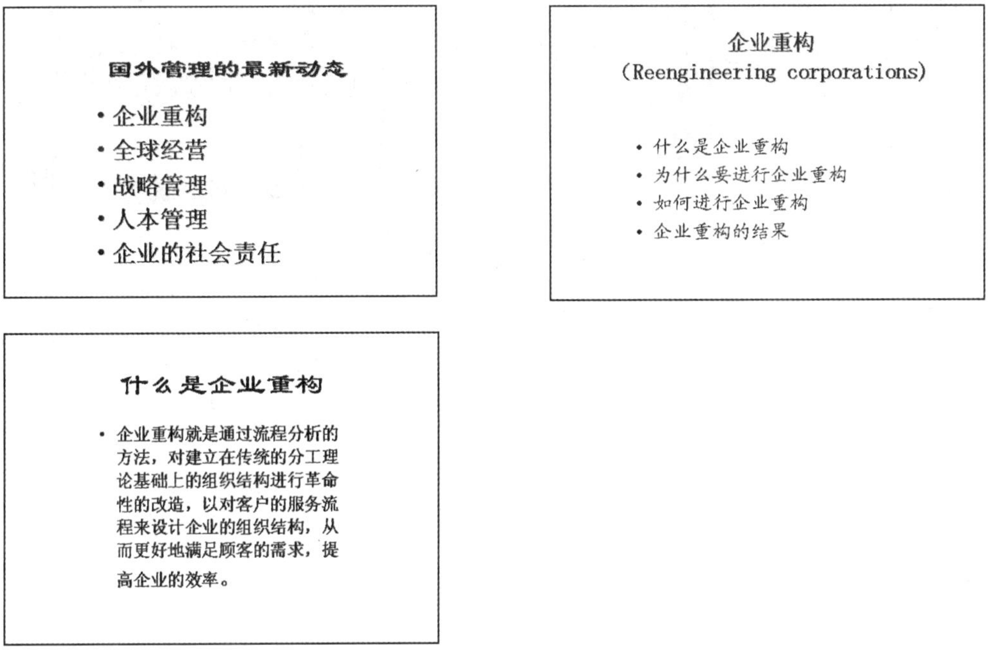
国外管理的最新动态
• 企业重构
• 全球经营
• 战略管理
• 人本管理
• 企业的社会责任
企业重构
(Reengineering corporations)
• 什么是企业重构
• 为什么要进行企业重构
• 如何进行企业重构
• 企业重构的结果
什么是企业重构
• 企业重构就是通过流程分析的方法，对建立在传统的分工理论基础上的组织结构进行革命性的改造，以对客户的服务流程来设计企业的组织结构，从而更好地满足顾客的需求，提高企业的效率。

图 9－14 演示文稿样例

(1)设置第 1 张幻灯片的背景格式。填充为预设渐变“底部聚光灯-个性色 4”，类型为“射线”，方向为“从中心”。

(2)应用“画廊”主题修饰演示文稿。

(3)将全部幻灯片的切换效果设置为“从右上部擦除”，换片方式为每隔 5 秒自动换片。

(4)将第 3 张幻灯片的版式改为“竖排标题与文本”。

(5)将演示文稿保存在 E:\PowerPoint 目录下，文件名为 p2. pptx。

9.4 设计性实验

1. 收集文字和相关素材制作一个演示文稿，尽量用到所学过的演示文稿的编辑、美化、动画技术、超链接技术和多媒体技术等相关知识。

2. 参考图 9－15，设计一个介绍自己或自己所在学校或所学专业的演示文稿。

自我介绍
一：基本情况
二：我的小学
三：我的中学
四：我的大学
我的小学
我的中学
我的大学
我来到了长沙理工大学，相信我在大学四年里，将会活得很精彩。
WHERE THERE IS A WILL, THERE IS A WAY!
我会努力，我会加油，明天又是新的一天。
谢谢你的关注！

图 9-15 “自我介绍”演示文稿

实验 10 计算机网络连接与检查

10.1 实验目的

1. 掌握检查计算机名的方法。
2. 掌握检查网卡驱动程序的方法。
3. 掌握检查和设置 IP 地址的方法。
4. 掌握检查本机与其他计算机连通性的方法。

10.2 实验内容

网络配置与连通性检查主要包括检查计算机名、检查网卡驱动程序、检查和设置 IP 地址、利用 Ping 命令检查网络连通情况等。

案例 1:检查计算机名

每台联网的计算机都有一个工作组内唯一的计算机名,一般利用设备编号对局域网中的计算机进行命名。计算机一般由网络管理员或用户自己命名。计算机名与用户名有一些差别。用户名是登录计算机时所选择的名字,不同的用户名有不同的权限。例如,Windows 操作系统自动设置的最高级用户名是 Administrator,最低级用户名是 Guest。

◈操作步骤

1. 右击桌面上的“此电脑”图标,在弹出的快捷菜单中选择“属性”命令,弹出如图 10 - 1 所示的窗口,显示计算机的基本信息。

2. 在图 10 - 1 中单击“更改设置”按钮。

3. 在弹出的窗口中单击“更改”按钮,弹出如图 10 - 2 所示的对话框,在“计算机名”文本框中输入新的计算机名,单击“确定”按钮即可。

图 10 - 1 显示计算机的基本信息

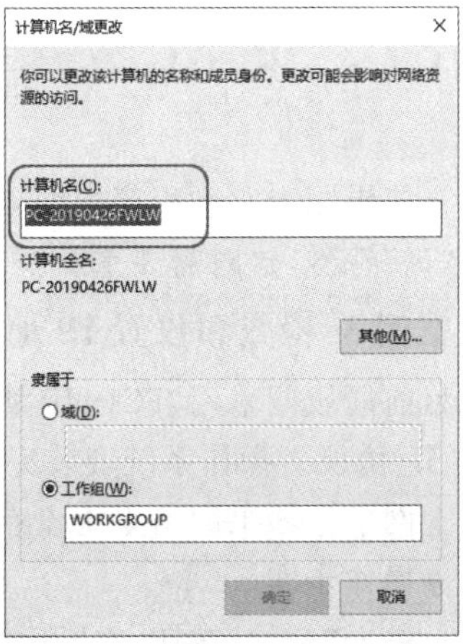

图 10 - 2 “计算机名/域更改”对话框

案例2:检查网卡驱动程序

局域网中的计算机需要网卡才能进行联网操作,计算机主板上一般都带有集成网卡,在安装 Windows 操作系统时,一般都会自动安装网卡驱动程序。如果驱动程序安装错误,就会导致计算机不能联网。可以通过以下操作检查网卡驱动程序是否安装正确。

◈操作步骤

1. 单击“开始”按钮,在“开始”菜单中选择“Windows 管理工具”→“计算机管理”命令。

2. 在弹出的“计算机管理”窗口中单击“设备管理器”选项,在中间窗格中单击“网络适配器”左边的“>”符号,展开目录,这时可以看到网卡驱动程序,如图10-3所示。

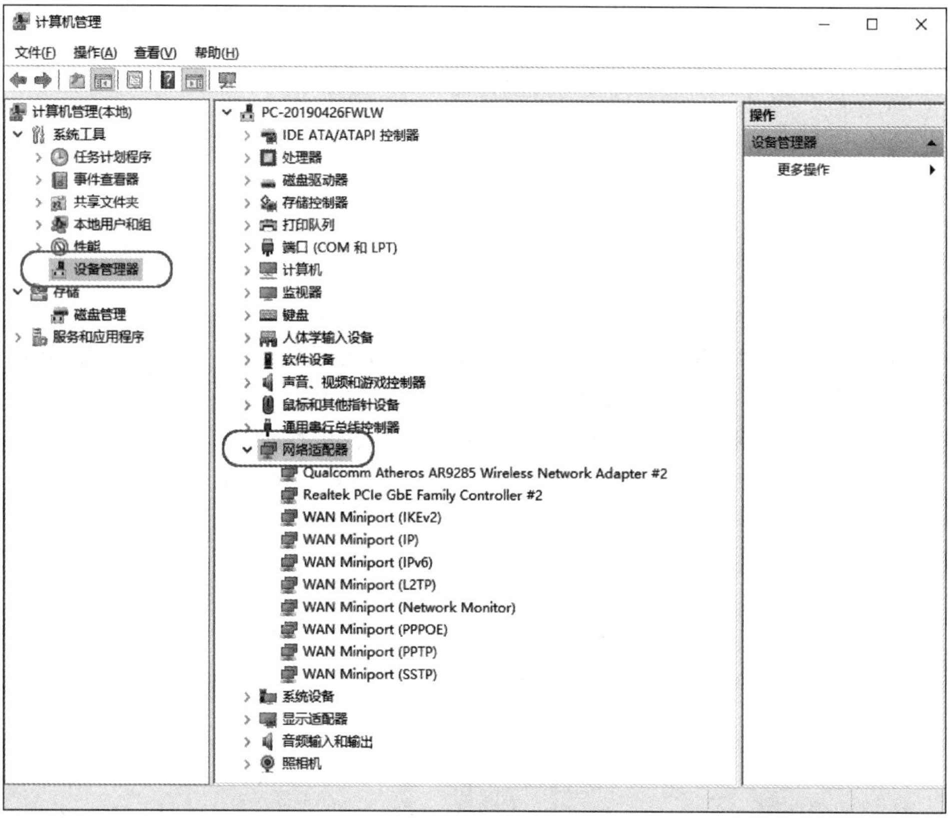

图10-3 检查网卡驱动程序

3. 如果网卡驱动程序与网卡不匹配,就会在网卡驱动程序名称的左边显示黄色的“?”或红色的“×”符号,这时需要重新安装网卡驱动程序。

案例3:检查和设置IP地址

目前局域网采用 TCP/IP 协议进行网络连接,在安装 Windows 操作系统时,会自动安装 TCP/IP 协议。操作系统安装完成后,如果网络系统支持 DHCP(动态主机配置协议),用户就可以上网了。如果网络系统没有设置 DHCP 服务,用户就需要手工配置 IP 地址。

◈操作步骤

1. 单击“开始”按钮,在“开始”菜单中选择“Windows 系统”→“控制面板”命令。

2. 在弹出的“所有控制面板项”窗口中单击“网络和共享中心”选项,如图10-4所示。

3. 在弹出的“网络和共享中心”窗口中，可以查看基本网络信息并设置连接，如图 10－5 所示，这里选择“以太网 2”选项。

图 10－4　单击“网络和共享中心”选项

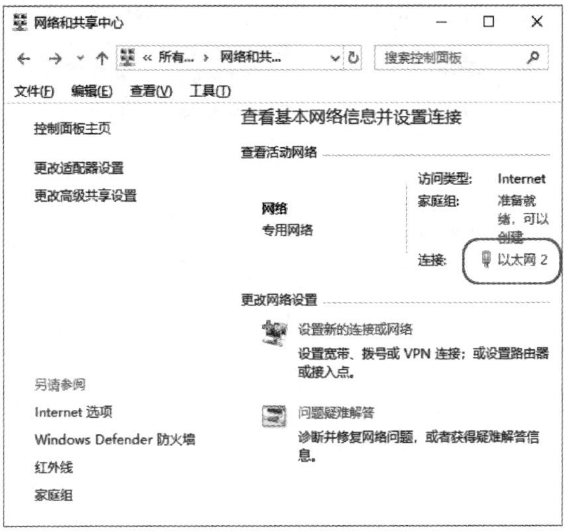

图 10－5　查看基本网络信息并设置连接

4. 在弹出的“以太网 2 状态”对话框中显示以太网属性，如图 10－6 所示，单击“属性”按钮。

5. 在弹出的“以太网 2 属性”对话框中勾选“Internet 协议版本 4(TCP/IPv4)”复选框(见图 10－7)，单击“属性”按钮，打开“Internet 协议版本 4(TCP/IPv4)属性”对话框，显示 TCP/IP 地址配置。可以看到默认选中“自动获得 IP 地址”单选按钮，如图 10－8 所示。

图 10－6　显示以太网属性

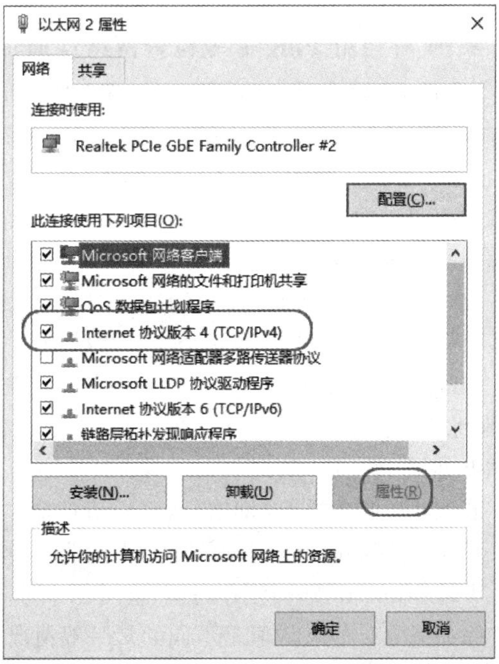

图 10－7　勾选“Internet 协议版本 4(TCP/IPv4)”复选框

6. 如果需要手动配置IP地址,可以在图10-8中选中"使用下面的IP地址"单选按钮,然后手动设置IP地址,如图10-9所示。

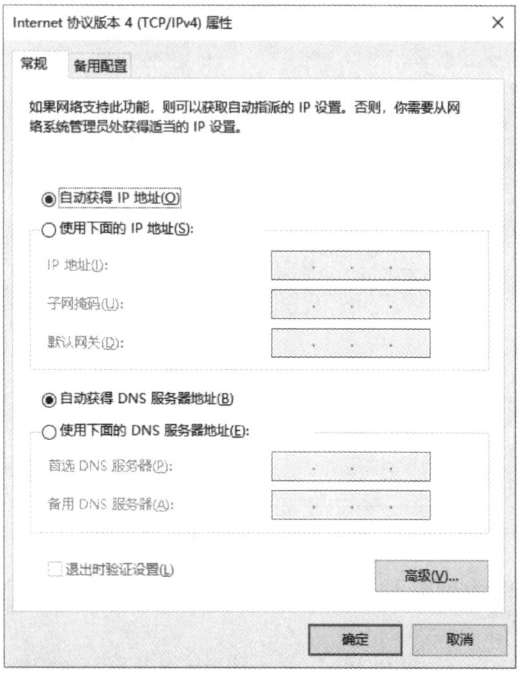

图10-8 默认选中"自动获得IP地址"单选按钮

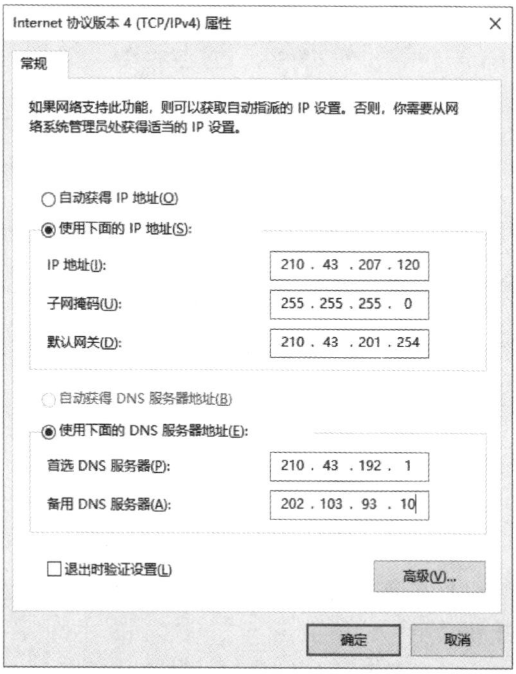

图10-9 手动设置IP地址

注意:在学校机房网络中,每台计算机的IP地址都不同,具体地址可以询问机房的网络管理员。"子网掩码"一般设置为255.255.255.0。

案例4:利用Ping命令检查网络连通情况

Ping命令用于检测网络连通情况,它可以在"命令提示符"窗口下执行。许多网络设备(如路由器、交换机)也支持Ping命令。Ping命令用于确定本机是否能与另一台主机交换数据。Ping命令主要用于网络故障检测,可以缩小故障的检测范围。如果Ping命令运行正确,则基本上可以确定网卡、TCP/IP配置、通信线路、路由器等不存在故障。Ping命令是一个使用频率极高的网络实用程序。

在默认设置下,Ping命令发送4个请求检测数据包,每个数据包的大小为32 B。如果网络运行正常,本机就会收到4个应答数据包。

Ping命令的使用很简单,在"命令提示符"窗口下输入Ping命令与本机(或对方主机)的IP地址或域名即可,如ping www.baidu.com(见图10-10)。Ping命令连接超时(网络不通)的情况如图10-11所示。

在图10-10中,"时间"是从发送请求检测数据包到收到应答数据包之间的时间,单位为ms(毫秒)。应答时间短表示经过的路由器少或网络连接速度较快。

TTL(time to live,生存时间)值可用来推算数据包经过了多少个路由网段。对于不同的操作系统,TTL的默认值是不同的。一般情况下,路由网段数$=2^n-$TTL值,其中2^n是比返回的TTL值略大的乘方数。例如,若TTL=56,则取2^n为64,说明从源地点到目标地点要经过8(=64-56)个路由网段。

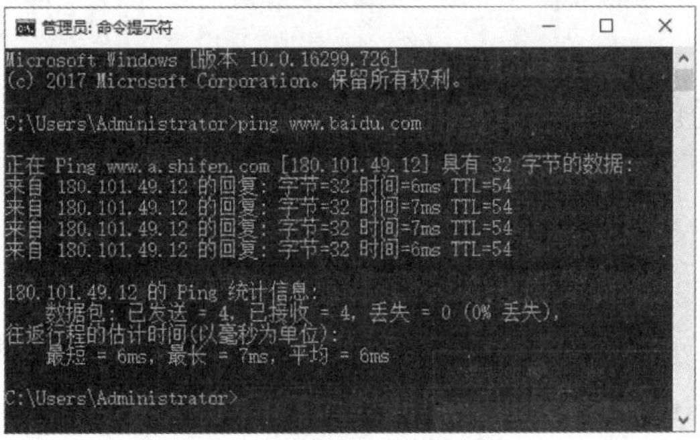
管理员: 命令提示符
Microsoft Windows [版本 10.0.16299.726]
(c) 2017 Microsoft Corporation。保留所有权利。
C:\Users\Administrator>ping www.baidu.com
正在 Ping www.a.shifen.com [180.101.49.12] 具有 32 字节的数据:
来自 180.101.49.12 的回复: 字节=32 时间=6ms TTL=54
来自 180.101.49.12 的回复: 字节=32 时间=7ms TTL=54
来自 180.101.49.12 的回复: 字节=32 时间=7ms TTL=54
来自 180.101.49.12 的回复: 字节=32 时间=6ms TTL=54
180.101.49.12 的 Ping 统计信息:
数据包: 已发送 = 4, 已接收 = 4, 丢失 = 0 (0% 丢失),
往返行程的估计时间(以毫秒为单位):
最短 = 6ms, 最长 = 7ms, 平均 = 6ms
C:\Users\Administrator>

图 10－10　Ping 百度网址

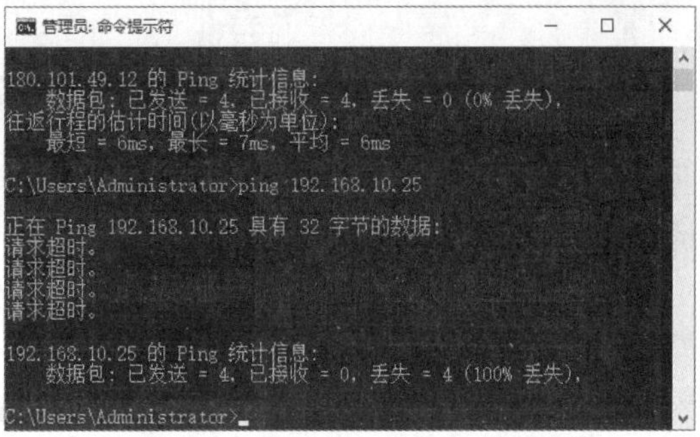
管理员: 命令提示符
180.101.49.12 的 Ping 统计信息:
数据包: 已发送 = 4, 已接收 = 4, 丢失 = 0 (0% 丢失),
往返行程的估计时间(以毫秒为单位):
最短 = 6ms, 最长 = 7ms, 平均 = 6ms
C:\Users\Administrator>ping 192.168.10.25
正在 Ping 192.168.10.25 具有 32 字节的数据:
请求超时。
请求超时。
请求超时。
请求超时。
192.168.10.25 的 Ping 统计信息:
数据包: 已发送 = 4, 已接收 = 0, 丢失 = 4 (100% 丢失),
C:\Users\Administrator>

图 10－11　Ping 命令连接超时的情况

10.3　验证性实验

1. 检查本机的计算机名。
2. 检查本机的网卡驱动程序。
3. 检查本机的 IP 地址。
4. 在“控制面板”窗口中设置文件和打印机共享。
5. 利用 Ping 命令检查本机与局域网中相邻计算机的连通性。

实验11 Internet信息搜索、浏览和获取

11.1 实验目的

1. 掌握Google Chrome浏览器(以下简称Chrome浏览器)的使用与常规设置方法。
2. 掌握利用搜索引擎查找资料的方法。
3. 掌握网页文件的保存与复制方法。
4. 掌握期刊论文的检索和阅读方法。

11.2 实验内容

案例1:Chrome浏览器的使用与常规设置

◈操作步骤

1. 利用浏览器查找网站。双击桌面上的Chrome浏览器图标,然后在Chrome浏览器的地址栏中输入需要查找的网站的域名,即可打开需要的网站。例如,若需要查找"中国大学生在线"网站,则在Chrome浏览器的地址栏中输入https://dxs.moe.gov.cn/zx/,按Enter键后即可打开"中国大学生在线"网站的首页,如图11-1所示。

图11-1 "中国大学生在线"网站的首页

2. 利用搜索引擎查找资料。在Chrome浏览器的地址栏中输入www.baidu.com并按Enter键,这时浏览器将打开百度网站的首页。在百度搜索框中输入需要查找资料的关键字

并按 Enter 键，即可搜索到与关键字相关的网页，然后单击网页上的超链接，就可以打开相关资料的网页。例如，查找与关键字“载人航天”相关的网页，只要在百度搜索框中输入“载人航天”并按 Enter 键，就可以搜索到相关网页，如图 11－2 所示。

图 11－2　利用百度搜索网页资料

3. Chrome 浏览器的常规设置。对于初级用户来说，不需要更改 Chrome 浏览器的默认设置，基本上就可以直接上网浏览。但是，若想在使用 Chrome 浏览器时得心应手，则用户需要根据自己的喜好对 Chrome 浏览器的设置进行修改。

单击 Chrome 浏览器右上角的“自定义及控制”按钮，在弹出的菜单中选择“设置”命令，显示“设置”窗口，如图 11－3 所示，可以对 Chrome 浏览器的一些常规属性进行设置。

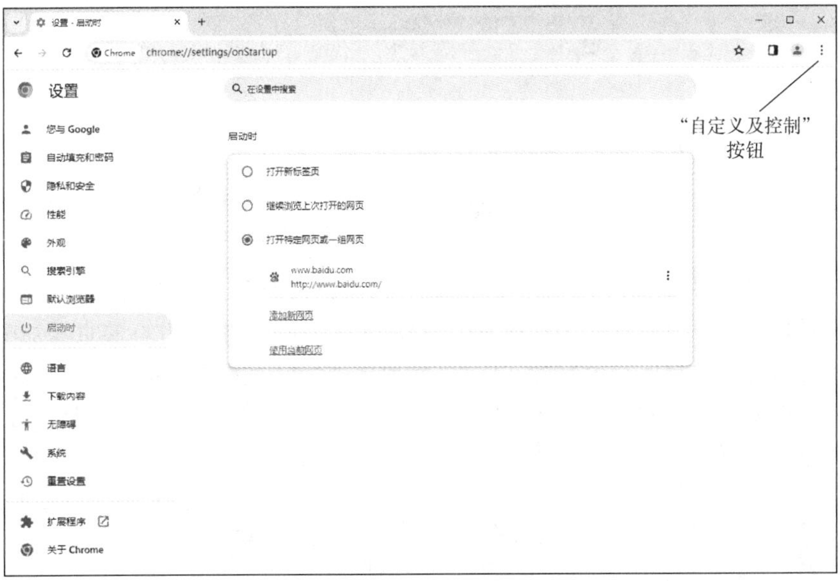

图 11－3　Chrome 浏览器的“设置”窗口

(1)主页(初始页)的设置。主页是指打开浏览器时首先链接的站点。用户每次启动 Chrome 浏览器时，Chrome 浏览器总是先自动打开主页。可以通过在地址栏中输入地址来设定主页，还可以在图 11-3 的“启动时”选项卡中选中“打开特定网页或一组网页”单选按钮，然后单击“添加新网页”链接，在弹出的对话框的“网站网址”文本框中输入要设定为主页的网址，单击“添加”按钮，完成主页的设定。将特定的站点页面设置为主页时，可以在 Chrome 浏览器启动时直接转入指定的主页，这对于经常访问某个网站或者特别喜欢某个网站的用户而言会方便一些。选择好初始页之后关闭“设置”窗口或者关闭浏览器，Chrome 浏览器在下次启动时就会自动打开指定的主页。

(2)删除 Internet 临时文件。每次上网后，计算机都会在特定目录中保留查看过的网页内容。要删除上网产生的这些临时文件，方法是在 Chrome 浏览器右上角单击“自定义及控制”按钮，在弹出的菜单中选择“设置”命令，打开“设置”窗口，在“隐私和安全”选项卡中选择“清除浏览数据”选项，如图 11-4 所示，在打开的“清除浏览数据”对话框中，单击“清除数据”按钮，即可删除本机上的 Internet 临时文件。

图 11-4 选择“清除浏览数据”选项以删除 Internet 临时文件

(3)收藏经常使用的网站地址(书签)。对于一些用户经常使用的网站，如新闻、资料、图片、电子邮箱等网站，可以在打开这些网页后，单击地址栏右侧的“为此标签页添加书签”按钮，再在弹出的对话框中选择保存书签的文件夹，然后单击“完成”按钮，如图 11-5 所示，这样就将相应的网址作为书签收藏了。下次访问网站时，直接单击 Chrome 浏览器上方的书签图标，即可打开相应的网页。

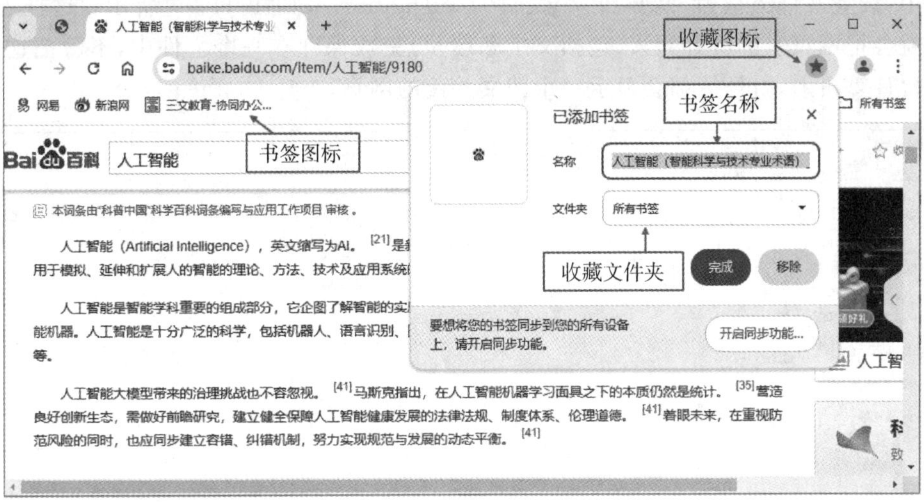

图 11－5　收藏经常使用的网站地址

案例 2:网页文件的保存与复制

◈操作步骤

1. 保存网页为多个文件。用 Chrome 浏览器浏览网页，当看到有用的资料时，如果希望将它们保存下来，可以单击浏览器右上角的"自定义及控制"按钮，在弹出的菜单中选择"保存并分享"→"网页另存为"命令，然后在"另存为"对话框(见图 11－6)中设置保存网页的路径，单击"保存"按钮即可。这样保存的是 html、htm 类型的网页文件。

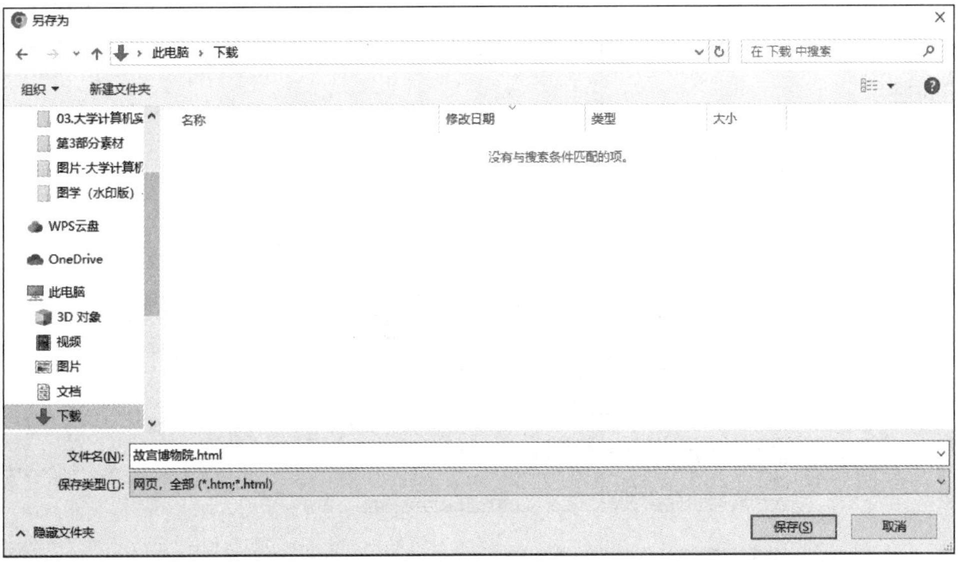

图 11－6　保存网页为多个文件

用以上方法保存网页时，会自动产生一个存放网页图片等素材的 files 文件夹。

2. 保存网页为单个文件。打开一个网页，单击浏览器右上角的"自定义及控制"按钮，在弹出的菜单中选择"保存并分享"→"网页另存为"命令，然后在"另存为"对话框的"保存类型"下拉列表中,设置文件类型为“网页(单个文件)(*.mhtml)”,如图11-7所示。这样Chrome浏览器就会把网页上的所有元素(包括文字和图片)集成保存在一个文件中,不管把这个文件放到哪台计算机上,打开后都会显示一个图文并茂的网页。

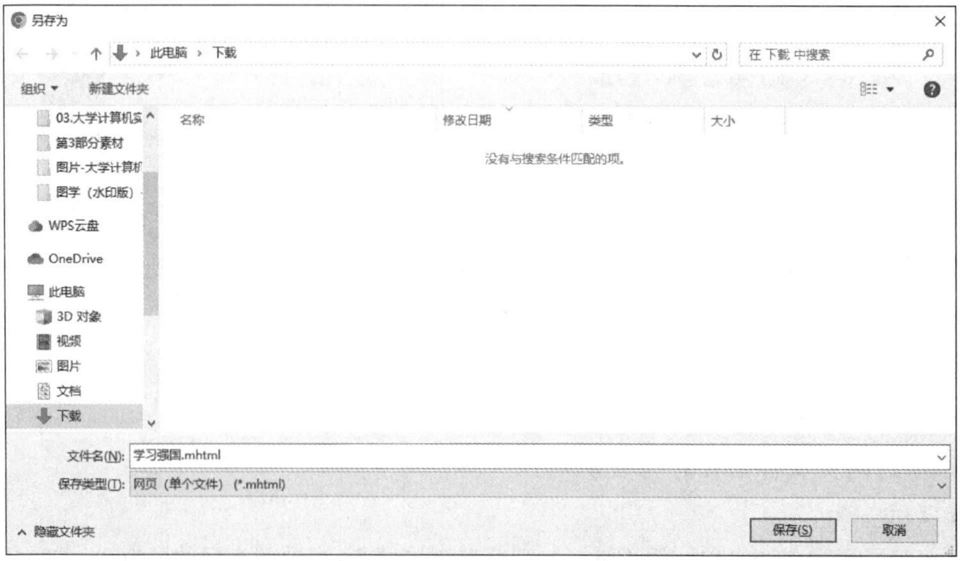

图11-7 保存网页为单个文件

3.将网页内容复制到Word文档中。打开一个网页,按Ctrl+A快捷键选中网页的全部内容,按Ctrl+C快捷键复制网页内容,然后打开Word,建立一个空白文档,再按Ctrl+V快捷键将网页内容粘贴到Word文档中。这时会发现网页内容与Word文档原有的格式、字体、行距等有很大的不同,而且网页中的各种样式、控制符等都会粘贴到Word文档中,如图11-8所示。

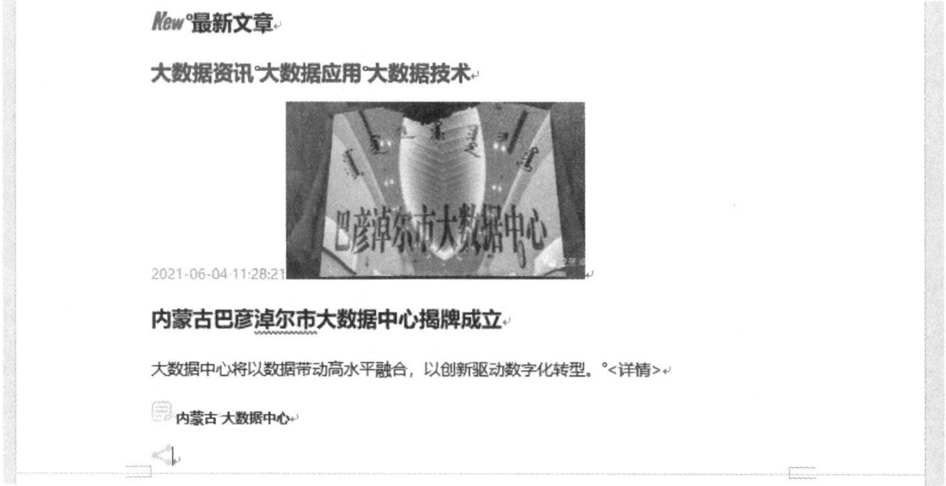

图11-8 将网页内容复制并粘贴到Word文档中的效果

在Word文档中粘贴网页内容后,对于Word文档中的手动换行符,如图11-9所示,可以利用Word 2016的“替换”功能消除。在“开始”选项卡“编辑”组中单击“替换”按钮,打开“查找和替换”对话框。在“查找内容”组合框中输入^l(手动换行符标记),在“替换为”组合框中输入^p(段落符号),如图 11－10 所示,然后单击“全部替换”按钮,则可消除文档中全部的手动换行符。

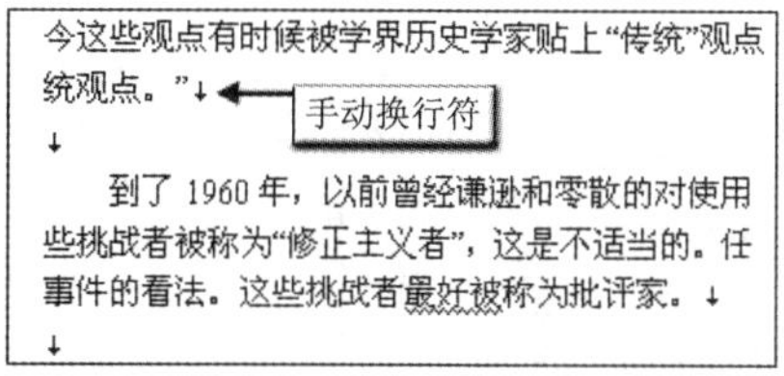

图 11－9 Word 文档中的手动换行符

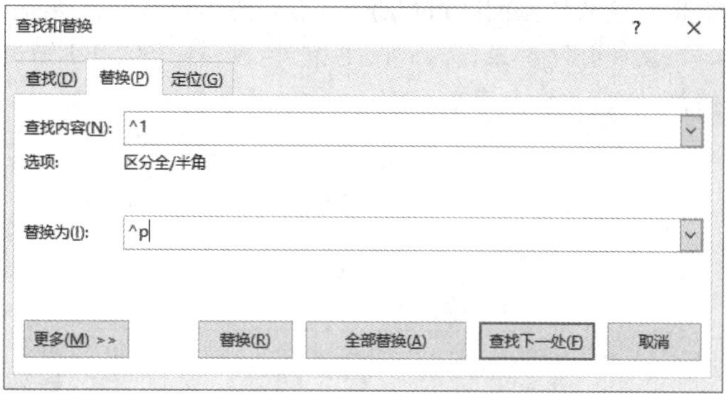

图 11－10 消除 Word 文档中的手动换行符

案例 3:期刊论文的检索和阅读

◈操作步骤

1. 从互联网进行期刊论文的检索。中国知网是中国知识基础设施工程(China National Knowledge Infrastructure,CNKI)的一个重要组成部分,CNKI 是目前中文信息量规模较大的数字图书馆,内容包括自然科学、工程技术、人文与社会科学等学科的期刊、博/硕士论文、报纸、图书、会议论文等公共知识信息资源。

打开 Chrome 浏览器,在地址栏中输入 http://www.cnki.net/,按 Enter 键即可进入中国知网的首页,如图 11－11 所示。

图 11－11 中国知网的首页

中国知网是一个有偿服务网站,个人用户需要注册交费后才能使用资源、获取服务。网站会给这些付费用户提供一个用户名和密码,输入用户名和密码就可以登录了。

2. 从校园网进行期刊论文检索。大部分高等院校都购买了中国知网的镜像站点,教师和学生直接从校园网就可以登录,不需要用户名和密码。

从校园网登录,选择"图书馆"栏目,打开 CNKI 知识网络服务平台,就可以进入中国知网镜像站点,其登录界面如图 11-12 所示。

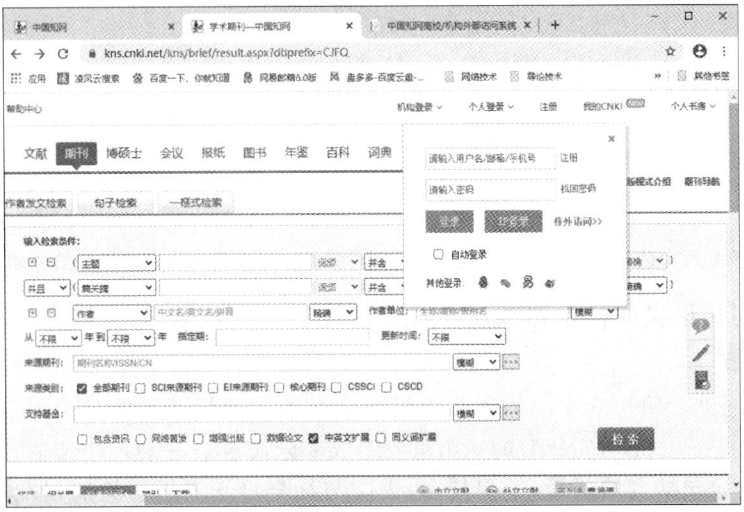

图 11-12 中国知网镜像站点的登录界面

在中国知网镜像站点的"检索项"下拉列表中选择按论文"主题"检索,然后在"检索词"文本框中输入"人工智能",单击"检索"按钮,如图 11-13 所示,就可以检索到论文名称中带有"人工智能"关键字的论文。

图 11-13 检索带有"人工智能"关键字的论文

在检查结果中选择需要下载的论文，如选择列表中的"人工智能在心血管疾病诊断中的应用进展"一文，显示论文的详细信息，如图 11-14 所示。在网页的信息栏中显示这篇论文有两种下载方式：CAJ 下载和 PDF 下载。选择其中一种下载方式，如单击"PDF 下载"按钮，即可将所选论文下载到本机的指定位置。

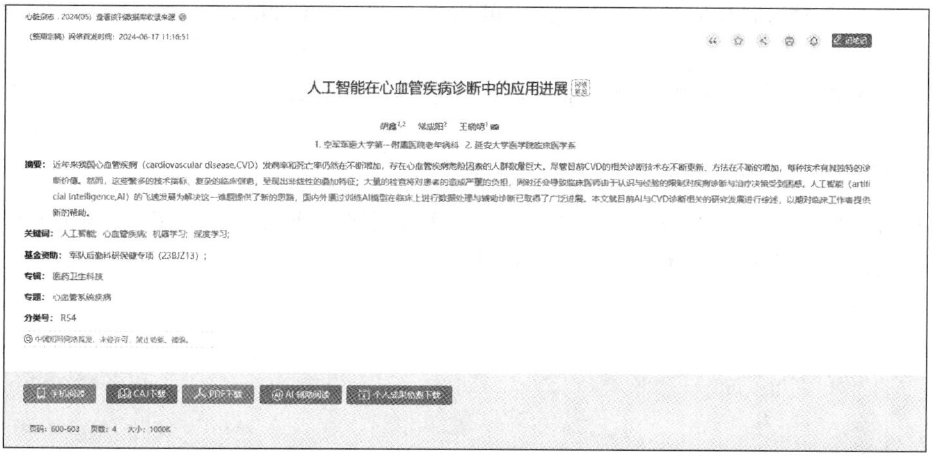

图 11-14 显示论文的详细信息

中国知网的期刊论文主要以 CAJ 格式和 PDF 格式存储，因此，在用户的计算机中需要预先安装好 CAJViewer（读取 CAJ 格式的文件）或 Adobe Acrobat Reader（读取 PDF 格式的文件），以查看相应格式的论文。

利用 Windows 操作系统的文件资源管理器找到下载的 PDF 格式的论文。如果计算机中已经安装了 Adobe Acrobat Reader，双击论文文件名就可以打开这篇论文了，如图 11-15 所示。

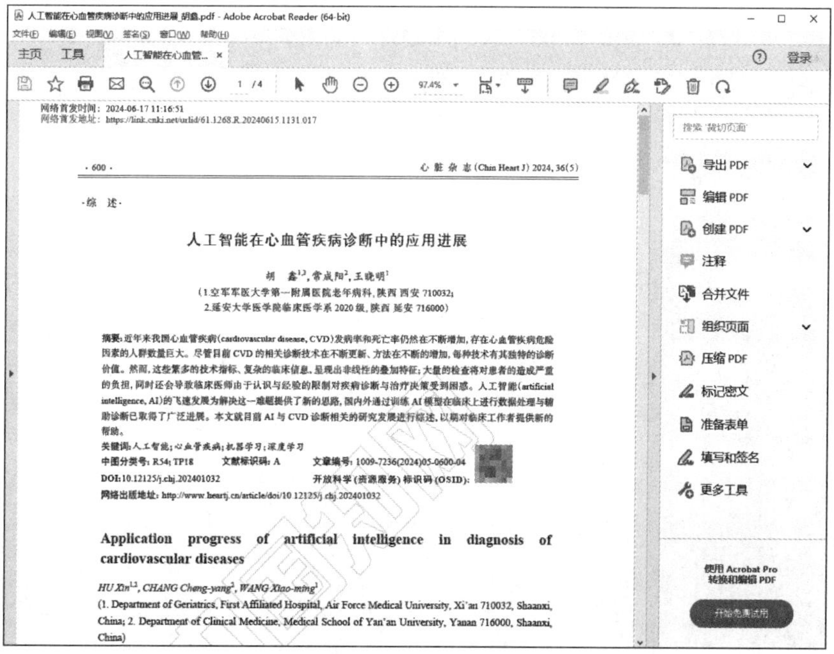

图 11-15 利用 Adobe Acrobat Reader 打开论文

11.3 验证性实验

1. 利用 Chrome 浏览器登录新浪微博首页。

2. 利用百度搜索引擎查找关于“计算机硬件”的资料。

3. 查找一个带有图片的网页文件，将它分别保存为.html 和.mhtml 文件，并比较它们的不同。

4. 将一个带有文字、图片、表格的网页文件复制到 Word 文档中，并消除各种不规范的格式。

5. 从中国知网下载一篇关于“计算机”的文献。

6. 在校园网的期刊站点中下载一篇关于“计算机网络”(或与本专业相关)的论文(PDF 格式)，并将这篇论文保存为文本文件(TXT 格式)。

实验12 网络信息发布

12.1 实验目的

1. 掌握应用超文本标记语言(hypertext markup language,HTML)编写简单网页的基础知识。

2. 深入理解网络信息发布的方法。

12.2 实验内容

HTML的一些常用标签如下。

<HTML>…</HTML>:说明HTML文档的开始与结束。

<HEAD>…</HEAD>:网页头部标签,描述网页基本信息,如网页标题、说明信息和搜索关键字等。

<TITLE>…</TITLE>:指定浏览器显示的标题文字。

<BODY>…</BODY>:网页的主体标签,包括在网页中显示的文字、图片、表格、链接、表单等所有内容。

<H*n*>…</H*n*>:标题文字标签,设置标题的字号大小,*n*值为1~6,值为1时字号最小,值为6时字号最大。使用标题文字标签时,会将文字变成粗体,并且自成一行。

<P>…</P>:段落标签,段落标签不仅使后面的文字换行输出,还将在两个段落之间产生一个空行。

:换行标签,是非对称标签,可以连续使用多个
标签来产生多个空行。

<FONT size =*n* face=字体名称 color=颜色值>文字</FONT>:字体标签。

- size=*n*:*n*为字号大小,*n*值为1~7,值为1时字号最小,值为7时字号最大。
- face=字体名称:常用的中文字体名称有宋体、黑体等,其他中文字体名称需要在C:\Windows\Fonts目录下查看。
- color=颜色值:颜色值是以"#"开头的6位十六进制数值,取值范围为#000000~#FFFFFF,默认的字符颜色为黑色。常用的颜色值有#FF0000(红)、#0080FF(蓝)、#FFFF00(黄)、#000000(黑)、#FFFFFF(白)、#808080(灰)等。

<A href=URL>…</A>:超链接标签,URL(uniform resource locator,统一资源定位符)为超链接文件的路径或网址。

<IMG src =图片文件的URL height = 图像高度 width = 图像宽度>:图片标签。

<MARQUEE>文字</MARQUEE>:文字移动标签,控制文字从右至左移动。

<!--注释内容-->:注释语句,可在文本中的任何位置插入注释语句,注释内容不会显示在网页中。

案例1:利用HTML建立一个最简单的测试网页

◆操作步骤

1. 在Windows操作系统的“开始”菜单中选择“Windows附件”→“记事本”命令,打开“记事本”程序。

2. 在“记事本”程序中输入以下HTML代码。

```
<H1>这是一个最简单的测试网页</H1>
```

3. 选择“文件”→“另存为”命令,在弹出的“另存为”对话框中,设置文件的保存位置为“桌面”,文件名为“test.html”,保存类型为“所有文件(*.*)”(注意不要采用默认的文本类型),如图12-1所示,单击“保存”按钮。

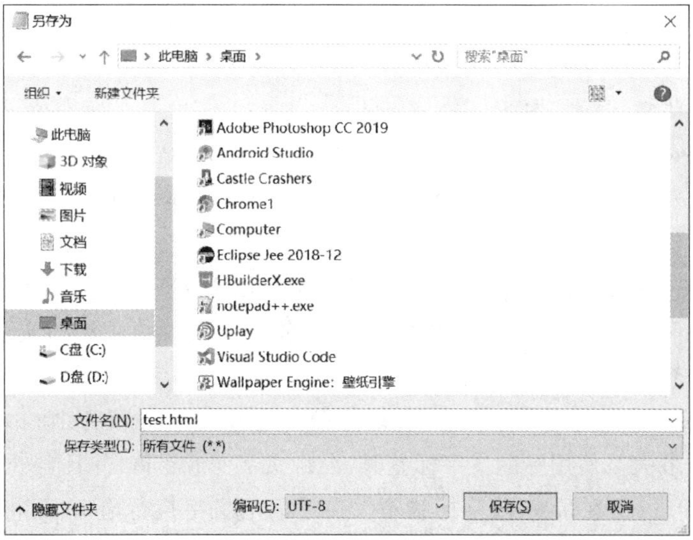

图12-1 “另存为”对话框

4. 在桌面上双击test.html文件,测试网页的显示效果,如图12-2所示。

图12-2 测试网页的显示效果

5. 在Chrome浏览器的网页窗口中右击,在弹出的快捷菜单中选择“查看网页源代码”命令,显示的网页源代码,如图12-3所示。

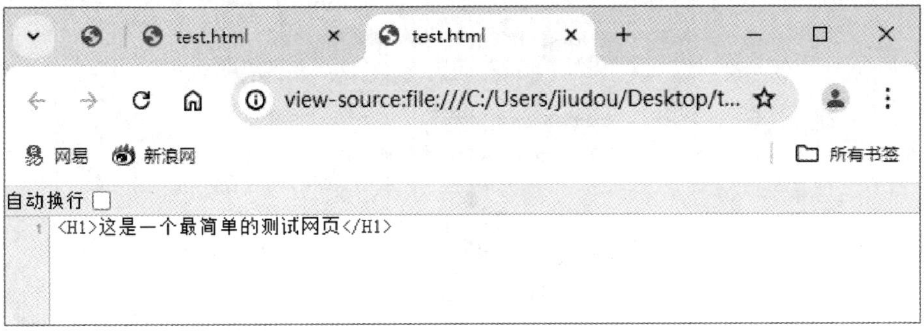

图 12－3 查看网页源代码

案例 2:利用 HTML 编写一个规范的网页文件

◈**操作步骤**

1. 打开“记事本”程序,输入如图 12－4 所示的 HTML 代码。<!-- -->标签为注释内容,不需要输入。

```
<HTML>                                              <!--声明 HTML 文档开始-->
<HEAD>                                              <!--标记页面头部开始-->
<TITLE>测试</TITLE>                                 <!--定义网页标题为“测试”-->
</HEAD>                                             <!--标记页面头部结束-->
<BODY>                                              <!--标记页面主体开始-->
<FONT size=3 >                                      <!--设置字号-->
<P>欢迎光临我的主页</P>                             <!--<P>为段落起始,</P>为段落结束-->
<P>段落中,一行文字太多                              <!--字数太多时,可以回车换行-->
时,可以回车换行</P>                                 <!--这一行显示时,会紧接上一行的文字-->
<P>这就是我:                                        <!--显示段落文字-->
<IMG src=rw.jpg> </P>                               <!--显示本网页目录下的 rw.jpg 图片-->
<P>我常去的网站:                                    <!--显示段落文字-->
<A href=http://www.baidu.com>百度</A> </P>          <!--定义“百度”二字的超链接网址-->
</FONT>                                             <!--字号设置结束-->
</BODY>                                             <!--标记页面主体结束-->
</HTML>                                             <!--标记 HTML 文档结束-->
```

图 12－4 HTML 文件基本结构实例

2. 编辑完成后,将文件保存在 E:\web 目录下,文件名为 index.html。

3. 在 E:\web 目录下,复制、粘贴一个文件名为 rw.jpg 的图片文件。

4. 双击 index.html 文件,网页的显示效果如图 12－5 所示。

图 12－5 网页的显示效果

案例 3:制作向上滚动文字公告栏

制作滚动的公告文字需要用到＜MARQUEE＞标签，格式为“＜MARQUEE＞文字＜/MARQUEE＞”。网页在浏览器显示时，文字从右至左移动。＜MARQUEE＞标签具有以下重要属性。

- direction：移动方向，值为 left(左移)、right(右移)、up(上移)、down(下移)。
- behavior：移动方式，值为 scroll(循环移动)、slide(只走一圈)、alternate(来回移动)。
- loop：循环次数，不赋值或赋值－1 表示无限循环。
- height，width：移动区域的高度和宽度，单位为像素。
- scrollamount：移动速度的快慢，整数值，值越大则速度越快。
- scorlldelay：每移动一步之后的延时，单位为 ms。
- bgcolor：移动区域的背景色。
- onMouseOver ="this. stop()"：光标覆盖时停止滚动。
- onMouseOut="this. start()"：光标离开时开始滚动。

◈操作步骤

1. 打开“记事本”程序，输入如图 12－6 所示的 HTML 代码。黑体字部分为滚动内容。

```
<MARQUEE direction="up" behavior="scroll" loop="-1" width="200"
height="180" scrollamount="1" scrolldelay="1" bgcolor=#FFFF00
onMouseOver="this. stop()" onMouseOut="this. start()">
<BR>欢迎大家！<BR>
<BR>请各位同学第 3 周星期一上课时，把第 1 次作业一起带来。
<BR>上课地点：理科楼 B215
<BR>课件下载：
<BR>1. 学校网络课堂。
<BR>2. 教师 FTP 站点。
<BR>3. 教师 QQ 群。
<BR>作业要求：
<BR>1. 请独立完成。
<BR>2. 不要抄书。
</MARQUEE>
```

图 12－6 向上滚动文字公告栏的 HTML 代码

2. 编辑完成后，将文件保存在 E:\web 目录下，文件名为 ggl. html。

3. 双击 ggl. html 文件，就可以看到如图 12 - 7 所示的公告栏向上滚动的部分效果了。

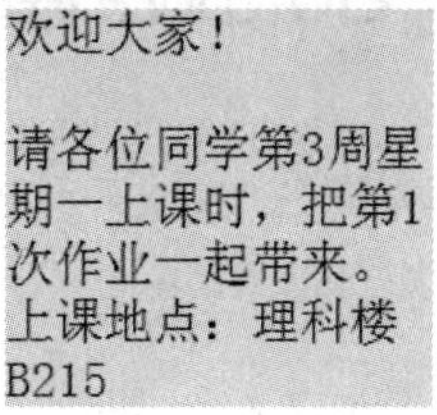
欢迎大家！
请各位同学第3周星
期一上课时，把第1
次作业一起带来。
上课地点：理科楼
B215

图 12 - 7 向上滚动文字公告栏的部分效果

12.3 设计性实验

1. 用“记事本”程序编辑网页的 HTML 代码。

2. 制作一个简单的向上滚动的文字公告栏。

实验13 GoldWave音频处理

13.1 实验目的

1. 了解 GoldWave 音频处理软件的特性和功能。
2. 掌握应用 GoldWave 进行音频录制的方法。
3. 掌握应用 GoldWave 进行音频剪辑的方法。
4. 掌握应用 GoldWave 进行音量调整的方法。
5. 了解应用 GoldWave 制作个人演唱带的方法。

13.2 实验内容

GoldWave 是一个功能强大的数字音乐编辑软件,可以对音乐进行播放、录制、编辑、增加特效及文件格式转换等处理。GoldWave 是一个绿色软件,下载软件压缩包后,将文件解压到某一个目录下,直接运行 GoldWave.exe 文件即可。

GoldWave 的特点如下。

(1)直观、简单的中文用户界面,操作非常方便。

(2)可以同时打开多个文件,简化了文件之间的操作。

(3)编辑较长的音乐时,GoldWave 会自动使用硬盘;编辑较短的音乐时,GoldWave 会在速度较快的内存中工作。

(4)自带多种音频处理效果,如倒转、回音、摇动、边缘、动态、时间限制、增强、扭曲等。

(5)带有精密的过滤器(如降噪器和突变过滤器),可帮助修复音频文件。

(6)内置的表达式求值程序在理论上可以制造任意一种声音,支持从简单的声调到复杂的过滤器。内置的表达式有电话拨号音的声调、波形和效果等。

GoldWave 的工作界面如图 13-1 所示。

GoldWave 常用的操作工具和音效处理工具如图 13-2 所示。

GoldWave 常用的操作按钮如下。

- 新建:新建一个录音文件。
- 打开:打开一个音频文件。
- 撤销:当编辑音频文件的过程中不小心操作错误时,单击这个按钮可以返回上一步操作。
- 重复:当撤销操作使用得过多时,单击该按钮可以恢复上一步操作。
- 删除:删除选中的音频部分(也可以按 Delete 键)。
- 显示:显示音频文件的所有波形。

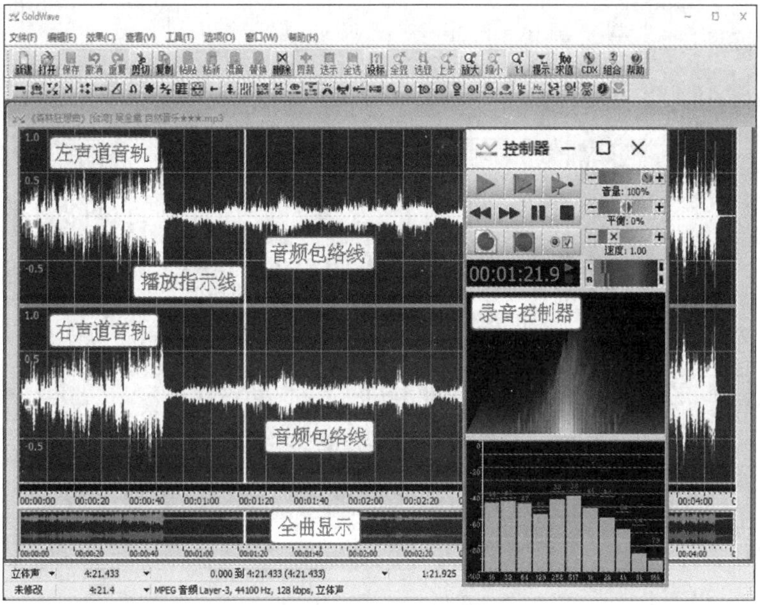

图 13－1　GoldWave 的工作界面

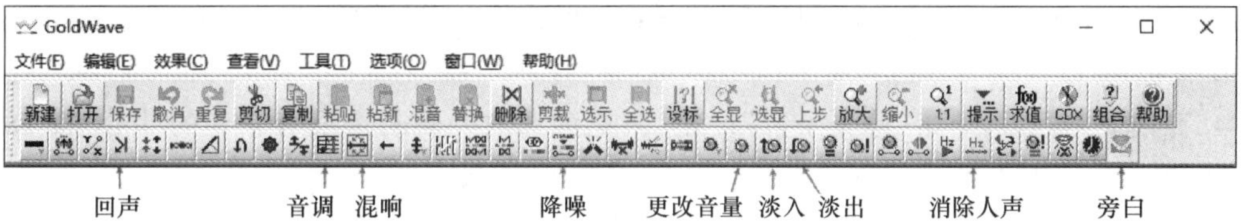

图 13－2　GoldWave 常用的操作工具和音效处理工具

案例 1:应用 GoldWave 录制音乐文件

◈操作步骤

1. 应用 GoldWave 录制音乐文件时,选择“文件”→“新建”命令,在弹出的“新建声音”对话框中设置录音的时间长度,如图 13－3 所示,单击“确定”按钮就新建了一个录音文件。

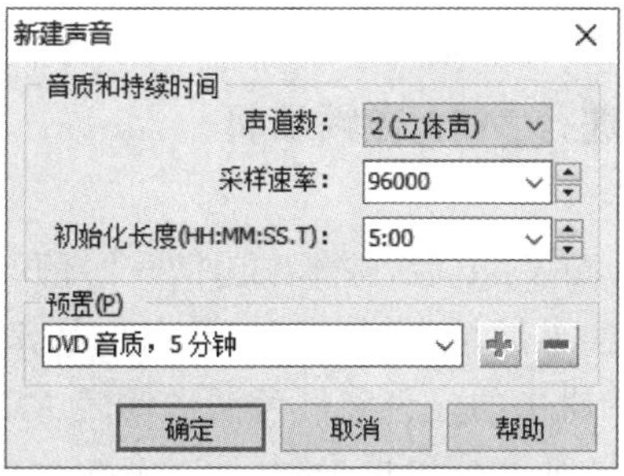

图 13－3　“新建声音”对话框

2. 如图 13－4 所示,单击 GoldWave 中“控制器”窗口的“录音”按钮,就可以对着话筒录音了。在录音过程中,可以在 GoldWave 的音轨中看到所录制声音包络线的变化,可以单击“暂停”按钮或“停止”按钮控制录音进程。

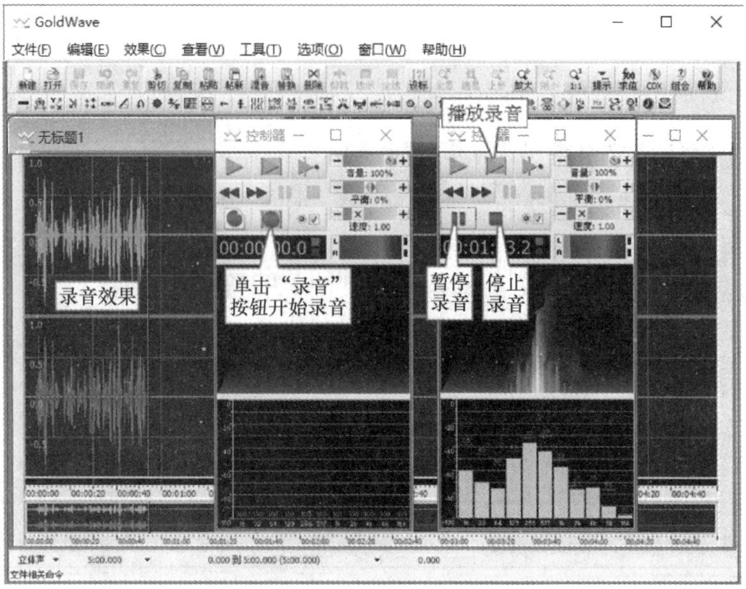

图 13-4　录音状态

3. 在音频录制的过程中,可以随时单击“暂停”按钮停止录音,然后单击“播放”按钮回放音频,以确认是否满意,如果满意,则继续录制;如果不满意,可以拖动选取不满意的部分,按 Delete 键删除。

4. 音频录制好后,单击“停止录音”按钮,再拖动选取音轨右边没有录音的部分,按 Delete 键删除音轨的空白部分。

5. 录制完成后,选择“文件”→“另存为”命令,在打开的对话框中设置音频文件的保存目录,输入文件名,单击“保存”按钮。需要注意的是,默认的文件保存类型为“Wave(* . wav)”, WAV 音频文件由于没有压缩,占用的空间会非常大,这时应当在“保存类型”下拉列表中选择“MPEG 音频(* . mp3)”选项。

用麦克风录制的声音听起来非常单薄,声调低沉,音色钝而闷,没有优美悦耳的感觉。这就需要将录制好的声音文件导入 GoldWave 中,首先编辑音频素材的各个参数,然后对音频素材使用音频滤镜的各种效果。在给声音文件添加效果的同时,可以进行音量调节、声音的淡入和淡出、混音、特效(如混响、降噪)等处理,经过处理后的声音会呈现优美的效果。

案例 2:应用 GoldWave 进行 MP3 音频编辑

◈操作步骤

1. 导入音频文件。启动 GoldWave 后,选择“文件”→“打开”命令,在“打开声音”对话框中选择需要编辑的 MP3 音频文件,然后单击“打开”按钮,这时 MP3 音频文件就载入 GoldWave 的音轨中。在 GoldWave 中,音轨中的绿色和红色波形代表 MP3 音频的包络线。

2. 选择音频片段。在音轨的任意位置单击,然后在音频片段结束处右击,在弹出的快捷菜单中选择“设置结束标记”命令,如图 13-5 所示。将光标移到音频片段起始或结束处,当光标变为双向箭头时,拖动就可以调整选择的音频片段。

3. 删除音频片段。按以上方法选择好需要删除的音频片段,按 Delete 键,即可将选择的音频片段删除。

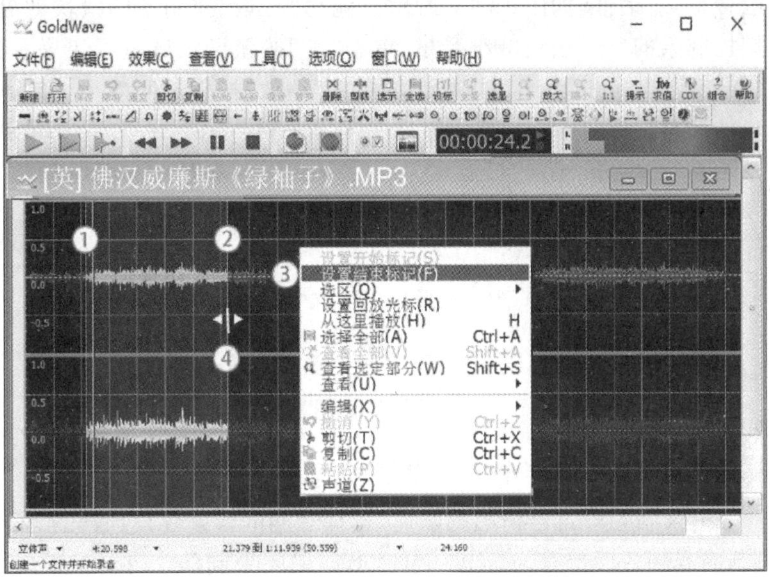

图 13－5　选择音频片段

4. 复制音频片段。打开一个 MP3 格式的音频文件,选择需要复制的音频片段,按 Ctrl+C 快捷键进行复制。选择“文件”→“新建”命令,在“新建声音”对话框中单击“确定”按钮,新建一个空白的音频文件。将光标移到音频文件的插入点处,单击确定粘贴位置,按 Ctrl+V 快捷键完成音频片段的粘贴,如图 13－6 所示。

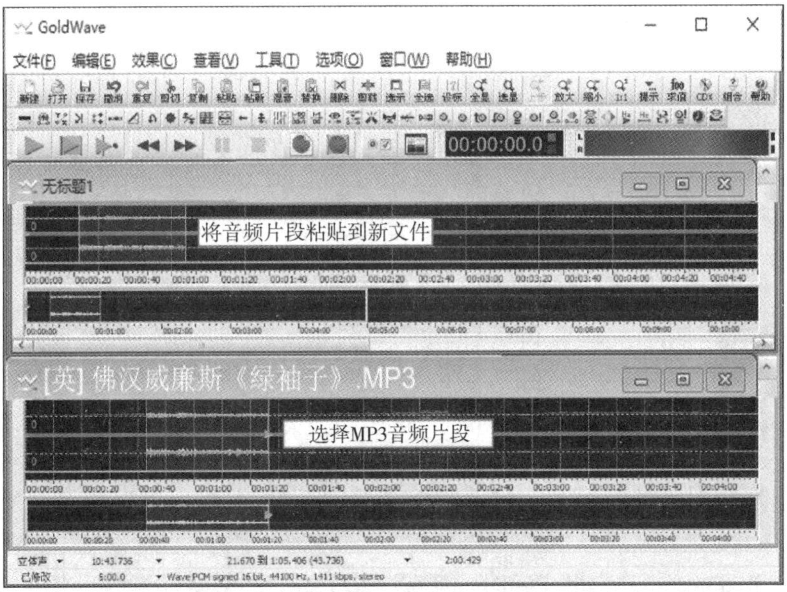

图 13－6　复制并粘贴音频片段

案例 3:应用 GoldWave 调整音量

◈操作步骤

应用 GoldWave 打开需要调整音量的 MP3 音频文件,选择“效果”→“音量”→“更改音量”

命令,弹出"更改音量"对话框,如图 13-7 所示。拖动"音量"控制条的滑块就可以调整音量,或者单击"音量"控制条的"-"按钮减小音量,单击"+"按钮增大音量。建议右面文本框中的数值不要超过 10。调整音量过程中可以单击绿色的"播放"按钮试听效果,最后单击"确定"按钮就完成了音量的调整。

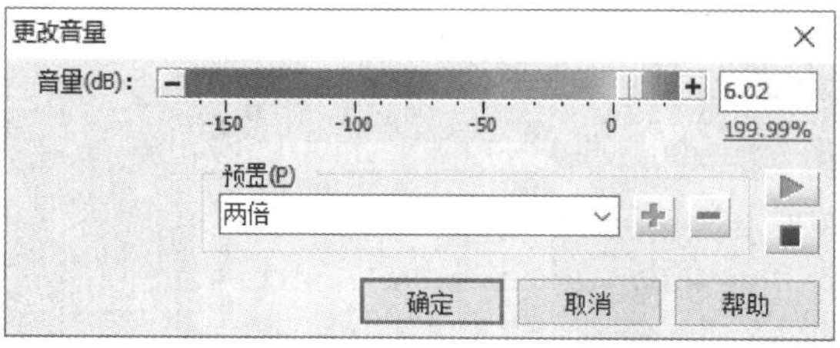

图 13-7 "更改音量"对话框

案例 4:应用 GoldWave 制作个人演唱带

应用 GoldWave 录制一段自己清唱的歌曲,选择录制的音频片段,首先按 Ctrl+C 快捷键复制,然后将录制的音频片段保存为 MP3 文件,最后关闭录制的文件。演唱时为了保证节奏准确,可以用其他音频播放软件(如暴风影音)播放伴奏音乐,为了不干扰录音效果,可以用耳机进行监听。

◈操作步骤

在 GoldWave 中打开伴奏音乐,在音轨上单击,选择清唱歌曲的插入点。选择"编辑"→"混音"命令,在弹出的"混音"对话框中单击试听按钮,如图 13-8 所示,如果试听效果符合要求,则单击"确定"按钮插入音频片段。对演唱带进行其他效果处理(如消噪、回音、变调等)后,将制作好的演唱带保存为 MP3 文件。

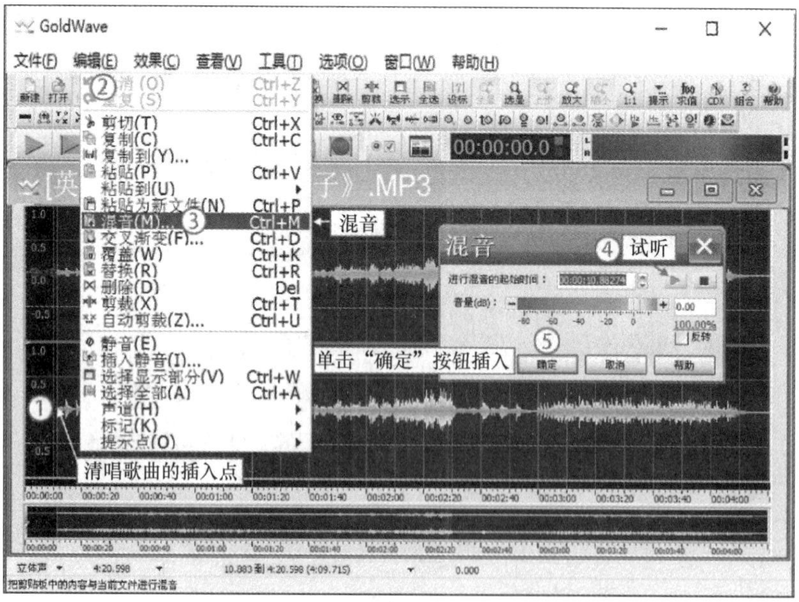

图 13-8 对音乐演唱带进行混音处理

13.3 设计性实验

1. 应用 GoldWave 进行音频录制。
2. 应用 GoldWave 对录制的音频进行剪辑和复制。
3. 应用 GoldWave 进行音量调整。

实验 14 Photoshop 图像处理

14.1 实验目的

1. 掌握 Photoshop 工具栏的操作。
2. 掌握 Photoshop 导航器、色板等面板的操作。
3. 掌握图层的增加、移动、打开、关闭、合并等操作。
4. 熟悉在 Photoshop 中抠图的方法。
5. 熟悉在 Photoshop 中图片变形的方法。

14.2 实验内容

案例:对两幅图片进行合成处理

利用 Photoshop CS5 制作一幅合成图像,其最终效果如图 14-1 所示。

图 14-1 合成图像的最终效果

◈操作步骤

1. 准备素材。在互联网上下载制作海报需要的图片素材,如图 14-2 所示,命名为“素材 1.jpg”“素材 2.jpg”等,将其保存在“E:\作业”目录下。

素材1(图像尺寸：620像素×800像素) 素材2(图像尺寸：1 280像素×800像素)

图 14-2 图片素材

2. 新建文件。启动 Photoshop CS5，选择“文件”→“新建”命令，默认文件名为“未标题-1”，设置图像文件的参数：宽度为 1 024 像素，高度为 768 像素，分辨率为 72 像素/英寸，颜色模式为 RGB 颜色(8 位)，背景内容为白色，如图 14－3 所示，单击“确定”按钮。

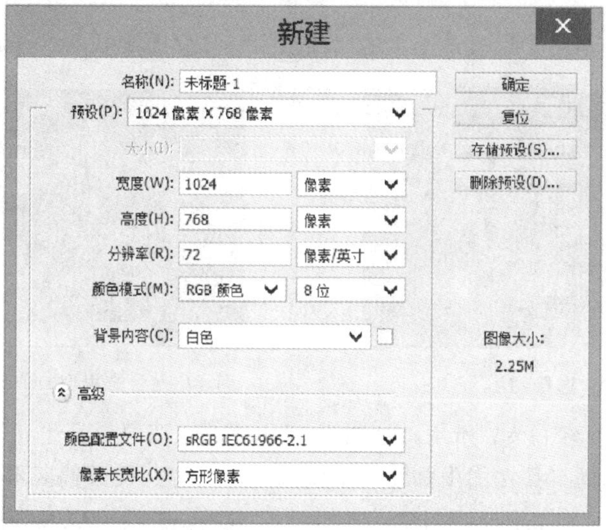

图 14－3　设置图像文件的参数

3. 复制素材。选择“文件”→“打开”命令，在“E:\作业”文件夹中选择“素材 1. jpg”文件，单击“打开”按钮。在“素材 1”文件窗口中按 Ctrl＋A 快捷键，选择全部图像；按 Ctrl＋C 快捷键，复制图像；按 Ctrl＋Tab 快捷键，切换到新建的“未标题-1”文件窗口，按 Ctrl＋V 快捷键，粘贴“素材 1. jpg”图像到“未标题-1”文件窗口。选择“文件”→“打开”命令，在“E:\作业”文件夹中选择“素材 2. jpg”文件，单击“打开”按钮。在“素材 2”文件窗口中按 Ctrl＋A 快捷键，选择全部图像；按 Ctrl＋C 快捷键，复制图像；按 Ctrl＋Tab 快捷键，切换到新建的“未标题-1”文件窗口，按 Ctrl＋V 快捷键，粘贴“素材 2. jpg”图像到“未标题-1”文件窗口。复制素材后的工作界面如图 14－4 所示。

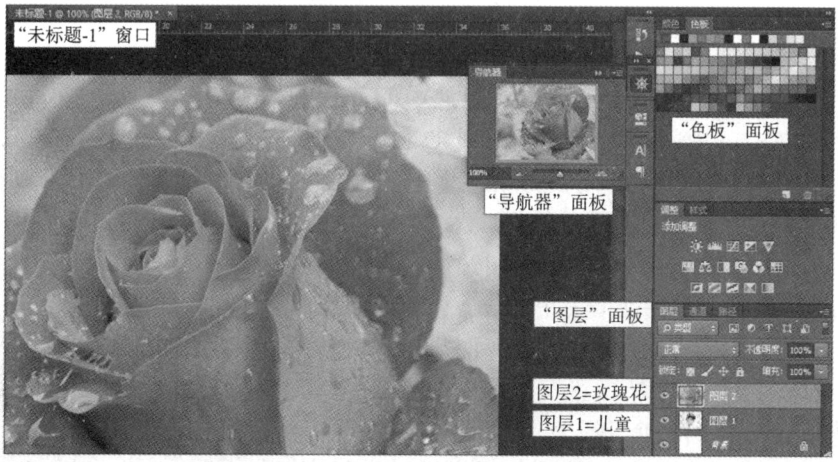

图 14－4　复制素材后的工作界面

4. 选框抠图。

(1)关闭图层。在“未标题-1”文件窗口的“图层”面板中选择“图层 2”，单击“图层 2”前面的眼睛标记，关闭“图层 2”的显示，然后选择“图层 1”，如图 14-5 所示。

(2)设置选区。如图 14-6 所示，单击工具箱中的“选框工具”按钮并按住鼠标左键不放，然后选择“椭圆选框工具”选项，在该工具的属性栏的“羽化”选项中，将“羽化”设置为“40 像素”。

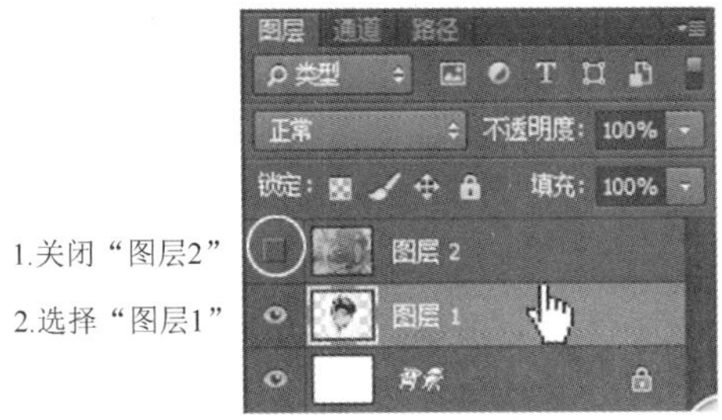

图 14-5 选择图层

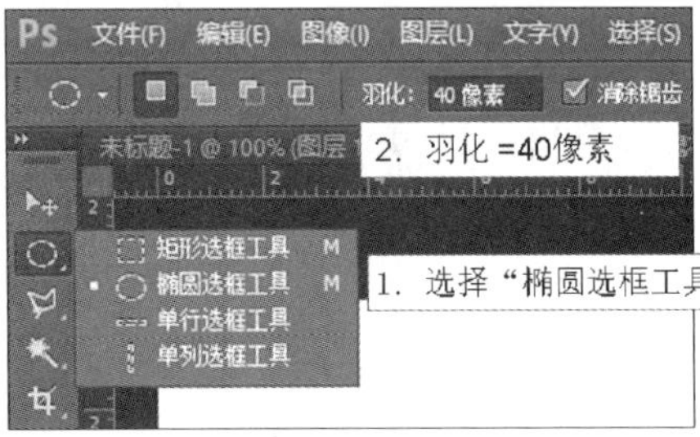

图 14-6 选择“椭圆选框工具”并设置参数

(3)画出选区。如图 14-7 所示，在“图层”面板选择“图层 2”(注意：暂时不要打开“图层 2”的显示)，用椭圆选框工具在图中画出一个椭圆选区(注意：椭圆选区不要太大或太小)。

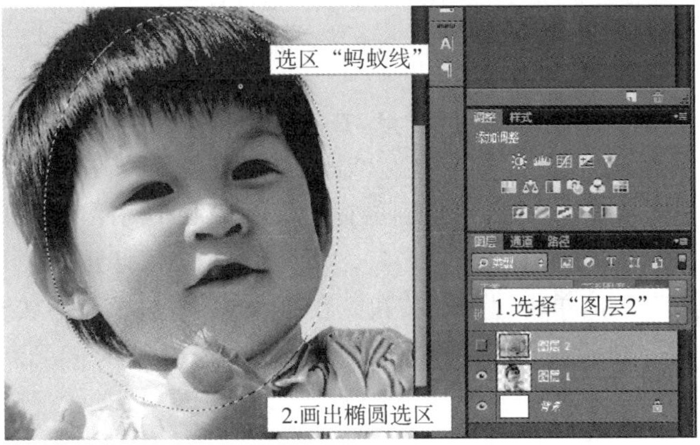

图 14-7 画出椭圆选区

(4)移动图层。单击“图层 2”前面的眼睛标记，打开“图层 2”。观察椭圆选区是否大致在花瓣的中间部位。如果选区不在花瓣的中间部位，则按 Ctrl+D 快捷键取消选区。在工具箱单击“移动工具”按钮(工具箱的第 1 个按钮)，在画板中拖动“图层 2”到合适位置。关闭“图层 2”，再用椭圆选框工具在画板中画出椭圆选区。打开“图层 2”，观察选区是否大致在花瓣的中间位置。

图 14-8 初步的抠图效果

(5)抠图。确定椭圆选区位置后，按两次 Delete 键删除“图层 2”的选区，这时可以看到人物出现在花瓣中，如图 14-8 所示。重新画一个小一些的椭圆选区，将光标移动到椭圆选区内部，拖动椭圆到合适位置。按两次 Delete 键删除选区。如此反复移动和删除选区，直到图像合成效果满意为止。

5. 输入文字和设置样式效果。

(1)输入文字。如图 14－9 所示，在工具箱选择“横排文字工具”，在该工具的属性栏中设置字体为“黑体”，字体大小为“72 点”。在右上部的面板中单击“颜色”面板，设置 R＝230，G＝0，B＝18(橙色)。在画板左上角单击，输入文字“祖国未来之星”。

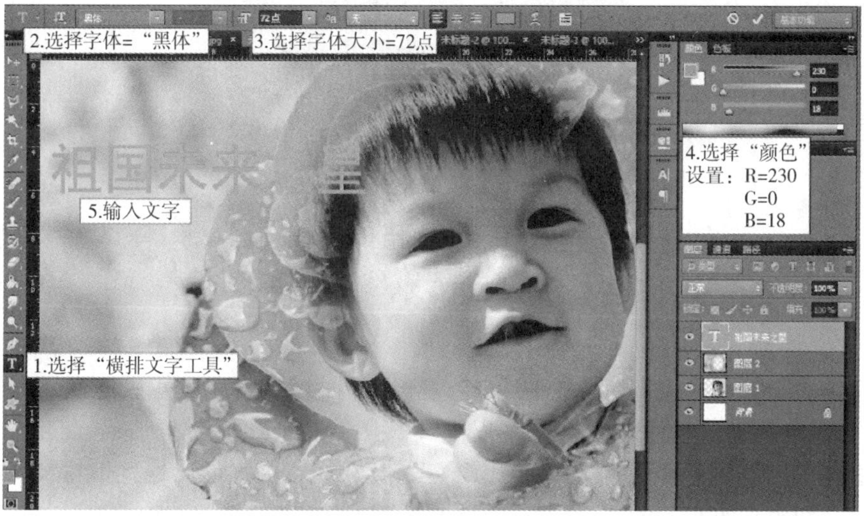

图 14－9　输入文字

(2)设置文字的立体效果。在“图层”面板中，选择文字图层“祖国未来之星”，右击，在弹出的快捷菜单中选择“混合选项”命令，打开“图层样式”对话框，如图 14－10 所示，在左边的“样式”栏中勾选“斜面和浮雕”复选框，在中间的“样式”下拉列表中选择“浮雕效果”选项，单击“确定”按钮。这时画板中的文字出现立体效果。

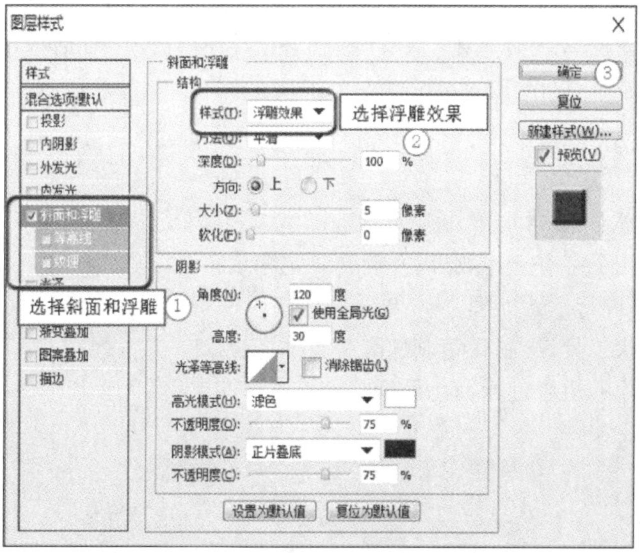

图 14－10　“图层样式”对话框

(3)调整文字角度。按 Ctrl+T 快捷键,这时文字外围显示一个控制框,将光标移到控制框外,拖动可以改变文字角度,如图 14-11 所示。将光标移到控制框内,拖动可以改变文字的位置。调整文字角度和文字位置,满意之后,按 Enter 键。

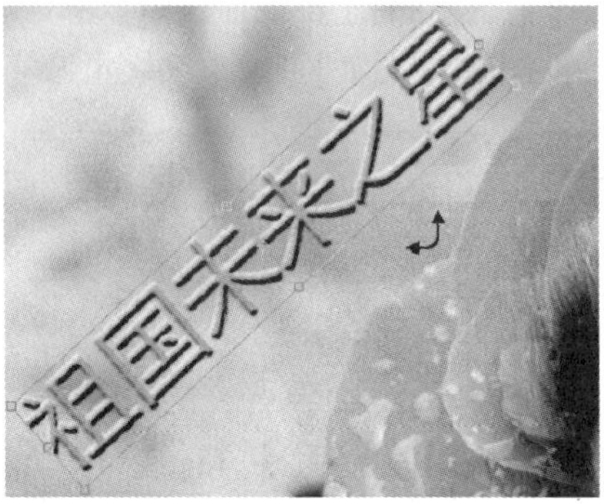

图 14-11 调整文字角度和位置

6. 保存文件。

(1)合并图层。选择“图层”面板中的“背景”图层,右击,在弹出的快捷菜单中选择“拼合图像”命令,如果系统提示“要扔掉隐藏的图层吗”,单击“确定”按钮。

(2)选择图形。在工具箱中选择“矩形选框工具”,在该工具的属性栏中将“羽化”设置为0。将光标移到画板的左上角,拖动出一个包含图像在内的矩形选区(注意:选区内包含最终需要的画面)虚线框,按 Ctrl+C 快捷键复制。按 Ctrl+N 快捷键建立一个新文件,在弹出的对话框中单击“确定”按钮,按 Ctrl+V 快捷键粘贴图像到新文件中,然后按 Ctrl+E 快捷键合并图层。合成图像的最终效果如图 14-1 所示。

(3)保存文件。选择“文件”→“存储为”命令,输入文件名,在“格式”下拉列表中设置文件类型。如果图片用于屏幕浏览,一般设置为 JPEG 格式,设置图像的“品质=8”时,图片文件较小,图像较为清晰。如果将来要修改或打印图片,最好设置为 TIFF 格式(该格式的文件可以在图片中保存多个图层),然后单击“保存”按钮,在“TIFF 选项”对话框中单击“确定”按钮。最后关闭所有图像窗口,退出 Photoshop。

14.3 设计性实验

设计一张生日贺卡,要求如下。

1.“生日快乐”几个字有立体效果,并旋转一定角度。

2. 插入图片,并进行抠图处理。

3. 利用画笔形状工具,绘制青草、枫叶。

4. 对插入的图片的边缘进行羽化处理。

5. 保存为 JPEG 文件。

第2部分　常用工具软件

人们在日常工作和学习中经常要用到一些工具软件，这些工具软件能给人们的工作和学习带来便利。本部分介绍两种常用的工具软件：文件压缩软件 WinRAR 和 PDF 文件阅读器 Adobe Acrobat Reader。

软件1　文件压缩软件 WinRAR

在计算机中，每个文件都会占用一定的磁盘空间，对于一些暂时不用但又比较重要的文件（如备份文件），或者是一些需要交流分享的文件，人们希望它们尽可能少地占用磁盘空间。压缩软件可以用来解决这个问题，它通过对原来的文件进行压缩，用更少的磁盘空间就可以保存文件，当需要使用时再对文件进行解压缩，这样就大大节省了磁盘空间。WinRAR 就是一款文件压缩软件。

1.1　主要功能及特点

WinRAR 是在 Windows 操作系统下对 RAR 格式的文件（经 WinRAR 压缩形成的文件）进行管理和操作的一款强大的文件压缩软件。WinRAR 的一大特点是支持多种压缩格式，除了支持 RAR 和 ZIP 格式（经 WinZIP 压缩形成的文件）的文件，WinRAR 还可以将许多其他格式的压缩文件进行解压缩。同时，使用 WinRAR 还可以创建自解压的可执行文件。此外，WinRAR 界面友好，使用方便，在压缩率、速度、安全性方面都有很好的表现。

1.2　获取途径及安装

1. 软件的获取。

可以从 WinRAR 官方网站下载 WinRAR，也可以从许多专业的软件下载网站（如华军软件园）下载它。

2. 安装。

（1）双击下载后的软件压缩包，就会出现如图 1-1 所示的选择安装路径界面。

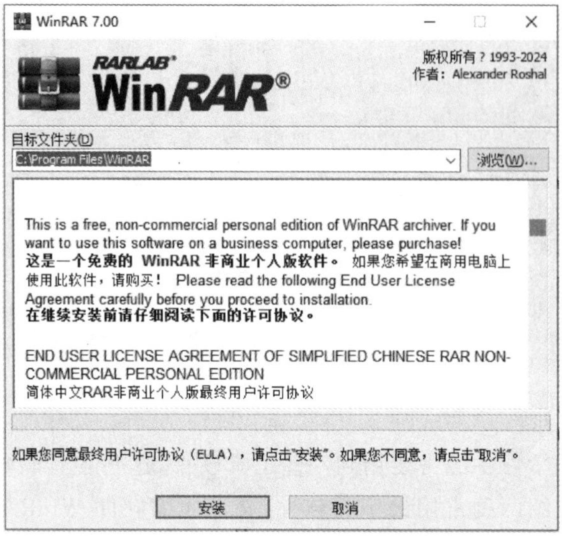
WinRAR 7.00
RARLAB
WinRAR®
版权所有？1993-2024
作者：Alexander Roshal
目标文件夹(D)
C:\Program Files\WinRAR
浏览(W)...
This is a free, non-commercial personal edition of WinRAR archiver. If you want to use this software on a business computer, please purchase!
这是一个免费的 WinRAR 非商业个人版软件。 如果您希望在商用电脑上使用此软件，请购买！ Please read the following End User License Agreement carefully before you proceed to installation.
在继续安装前请仔细阅读下面的许可协议。
END USER LICENSE AGREEMENT OF SIMPLIFIED CHINESE RAR NON-COMMERCIAL PERSONAL EDITION
简体中文RAR非商业个人版最终用户许可协议
如果您同意最终用户许可协议（EULA），请点击"安装"。如果您不同意，请点击"取消"。
安装
取消

图 1-1　选择安装路径界面

(2)在图 1-1 中单击“浏览”按钮选择安装路径，再单击“安装”按钮开始安装。

(3)在随后出现的“WinRAR 简体中文版安装”界面(见图 1-2)中进行相应设置。界面中的第 1 个选项组“WinRAR 关联文件”用于选择由 WinRAR 处理的压缩文件类型，其中的多个复选框就是 WinRAR 支持的多种文件压缩格式；第 2 个选项组“界面”用于选择放置 WinRAR 可执行文件链接的位置；最后一个选项组“外壳集成”用于在快捷菜单等处创建其快捷方式。一般情况下，使用默认的安装设置就可以了。设置完后单击“确定”按钮，在随后出现的界面中单击“完成”按钮，就完成了 WinRAR 的安装。

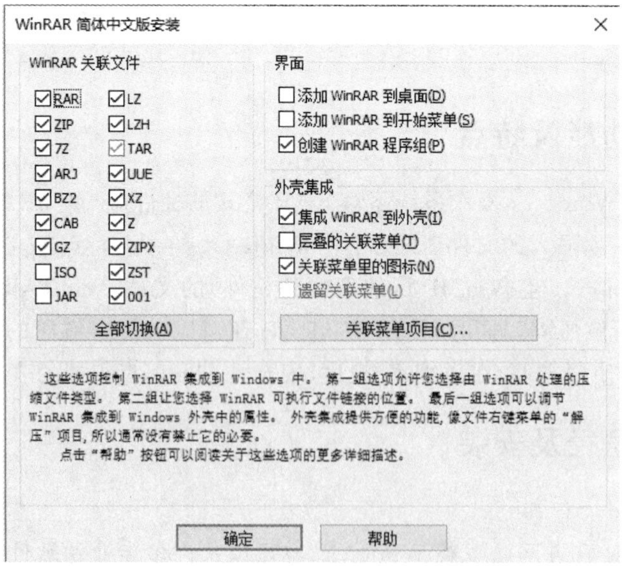
WinRAR 简体中文版安装
WinRAR 关联文件
RAR
ZIP
7Z
ARJ
BZ2
CAB
GZ
ISO
JAR
LZ
LZH
TAR
UUE
XZ
Z
ZIPX
ZST
001
全部切换(A)
界面
添加 WinRAR 到桌面(D)
添加 WinRAR 到开始菜单(S)
创建 WinRAR 程序组(P)
外壳集成
集成 WinRAR 到外壳(I)
层叠的关联菜单(T)
关联菜单里的图标(N)
遗留关联菜单(L)
关联菜单项目(C)...
这些选项控制 WinRAR 集成到 Windows 中。 第一组选项允许您选择由 WinRAR 处理的压缩文件类型。 第二组让您选择 WinRAR 可执行文件链接的位置。 最后一组选项可以调节 WinRAR 集成到 Windows 外壳中的属性。 外壳集成提供方便的功能，像文件右键菜单的“解压”项目，所以通常没有禁止它的必要。
点击“帮助”按钮可以阅读关于这些选项的更多详细描述。
确定
帮助

图 1-2　“WinRAR 简体中文版安装”界面

1.3　基本操作

1. 压缩文件。

WinRAR 支持快捷菜单功能，右击要压缩的文件或文件夹，在弹出的快捷菜单中选择所需的压缩命令即可进行相应文件的压缩，如图 1－3 所示。

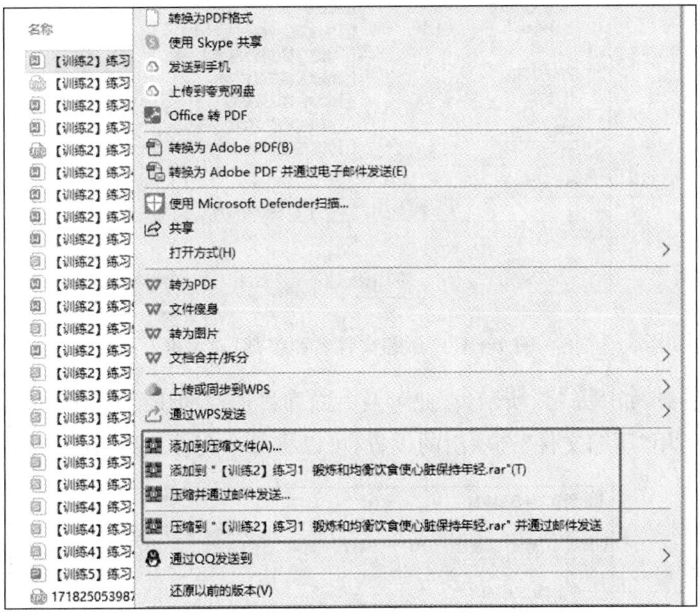

图 1－3　快捷菜单中的压缩命令

(1)直接压缩。选择图 1－3 中的“添加到 xxx. rar”命令，即可快速地将要压缩的文件在当前目录下创建一个与该文件同名的 RAR 压缩包，“xxx”代表被指定的压缩文件名。

(2)设置参数后再压缩。若要对压缩文件进行一些复杂的设置(如分卷压缩、给压缩包加密、备份压缩文件、给压缩文件添加注释等)，就可以在弹出的快捷菜单中选择“添加到压缩文件…”命令，当出现“压缩文件名和参数”对话框(见图 1－4)时，进行相应选项的设置。

图 1－4 中各选项卡的功能简述如下。

- “常规”选项卡：如图 1－4 所示，此选项卡中包括常用的几个设置参数。用户可以在这里自定义压缩文件保存在磁盘上的具体位置和名称，并设置压缩文件的格式。系统默认格式为 RAR。“更新模式”下拉列表框一般用于对以前曾压缩过的文件进行设置，现在由于更新等原因需要重新压缩文件。“压缩选项”选项组中常用的是“压缩后删除原来的文件”和“创建自解压格式压缩文件”复选框。前者是在建立压缩文件后删除原来的文件；后者是创建一个 EXE 格式的可执行文件，以后解压缩时，文件可以脱离 WinRAR 软件自行解压缩。“压缩方式”下拉列表框用于对文件的压缩比例和压缩速度进行设置，下拉列表中的选项由上到下对应的压缩比例越来越大但压缩速度越来越慢。当压缩后的大文件需要分割成几个小文件的时候，就需要利用“切分为分卷，大小”下拉列表框设置压缩包分卷的大小。
- “高级”选项卡：对压缩文件进行加密设置。
- “选项”选项卡：对文件的删除模式进行设置。

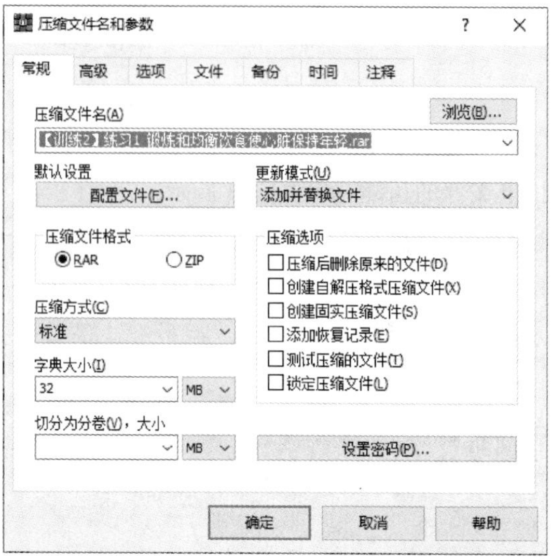

图 1－4 “压缩文件名和参数”对话框

• “文件”选项卡：如图 1－5 所示，在此可及时向即将形成的压缩包中添加文件和删除压缩包中的无用文件。利用“压缩文件”选项组的设置，可以将每个文件放到单独的压缩文件中。

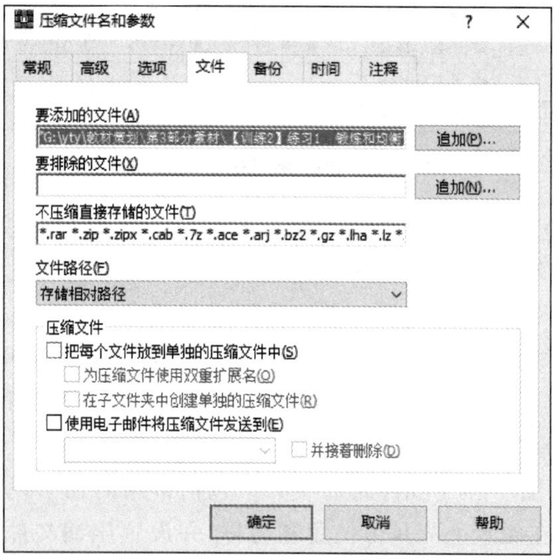

图 1－5 “压缩文件名和参数”对话框的“文件”选项卡

• “备份”选项卡：可以通过各个选项及时备份压缩包中的文件。
• “时间”选项卡：可以对文件的存档设置时间信息。
• “注释”选项卡：可以为压缩文件添加相关的注释说明。

2. 解压缩文件。

(1)右击解压缩。在压缩文件上右击，弹出包含解压缩命令的快捷菜单，如图 1－6 所示。其中，“用 WinRAR 打开”命令表示在不解压的情况下，可以直接用 WinRAR 压缩软件查看压缩包中的文件；选择“解压文件”命令，将打开如图 1－7 所示的对话框，可在此自定义存放解压缩文件的路径和文件名称，其中“更新方式”和“覆盖方式”选项组是在解压缩文件与目标路径中的文件同名时的一些处理方法；“解压到当前文件夹”命令是最为简便的方式，表示将压缩包里的文件解压到当前路径下；“解压到 xxx\”命令表示在当前路径下创建与压缩包名字相同的文件夹，然后将压缩包解压到该文件夹，xxx 是当前压缩包的名称。

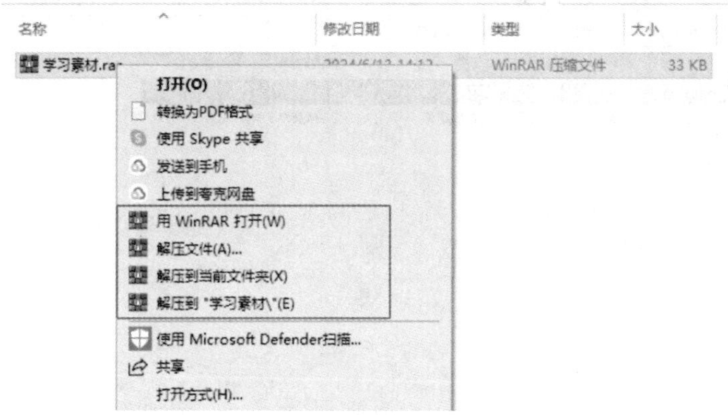

图 1－6 包含解压缩命令的快捷菜单

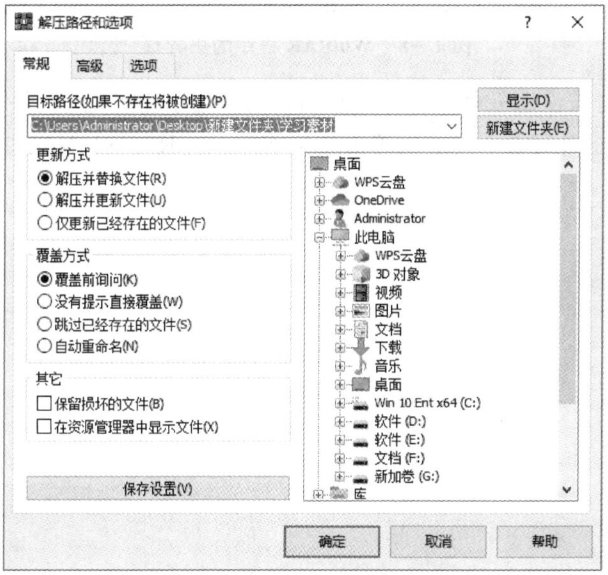

图 1－7 “解压路径和选项”对话框

(2)双击直接解压缩。双击压缩包，就会出现 WinRAR 程序的主界面，如图 1－8 所示。

界面中显示的是压缩包中包含的文件。在界面的上方有一组工具按钮。单击“解压到”按钮，接下来的操作步骤就如前所述的“右击解压缩”的操作步骤；单击“添加”按钮，就可以向压缩包内增加需压缩的文件。

WinRAR 程序的主界面中提供了包括压缩和解压缩在内的多种功能，各个工具按钮的功能自左至右依次为：添加文件到当前压缩包、将压缩包解压到文件夹、测试当前压缩包是否有缺损、查看当前压缩包中有哪些文件或查看当前文件夹、删除文件、查找文件和压缩文件、面向初级用户的本软件使用向导、显示压缩文件信息、扫描压缩文件内的病毒、添加压缩文件的注释、保护压缩文件、把压缩文件转换为自解压格式。

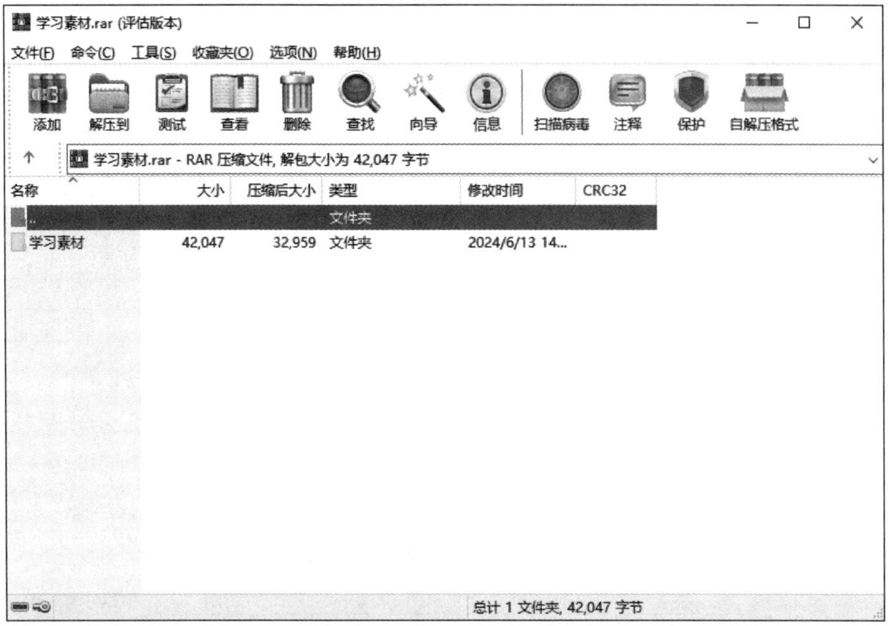

图1-8 WinRAR程序的主界面

使用WinRAR时需注意软件的版本,应尽可能地使用高版本的软件。如果使用低版本的WinRAR软件,则可能遇到它不能解压缩由高版本的WinRAR压缩的文件的问题。

软件2　PDF文件阅读器 Adobe Acrobat Reader

Adobe Acrobat Reader 是一款对便携文档格式(portable document format,PDF)的文件(以“.pdf”为扩展名)进行阅读和操作的工具软件。Adobe Acrobat Reader 可以用来查看和打印 PDF 文件。用户可以在大多数的操作系统上查看通过 Adobe Acrobat Reader 和 Adobe Photoshop Album 及更多应用软件创建的 PDF 文件。这里介绍的 Adobe Acrobat Reader 提高了 PDF 文件的打开速度和实时浏览速度,其启动速度很快,还有沙盒保护模式、批注功能,可以高亮显示文本和添加批注等。

2.1　主要功能及特点

Adobe Acrobat Reader 主要用于打开和阅读 PDF 文件、填写和保存 PDF 表单、参与基于电子邮件和浏览器的文档审阅、文档签名等。Adobe Acrobat Reader 完全支持 Windows 10 操作系统,可以用便签和荧光笔工具标注 PDF 文件,与表单及富媒体(包括 PDF 包、CAD 文件和 Flash 等多媒体内容)交互,支持移动设备,还可以在软件中直接访问 Acrobat.com 的在线服务等。

2.2　获取途径及安装

1. 软件的获取。

Adobe Acrobat Reader 是一款免费软件,可以从官方网站(http://www.adobe.com/cn/)下载,其主页如图 2-1 所示。

https://www.adobe.com/cn/
登录
使用Adobe图像处理手机App，开启令人惊叹的创作
免费下载 Lightroom Mobile
免费下载Photoshop Express
使用Adobe手机应用程序编辑您的照片和视频。通过Photoshop Express将照片编辑变得更轻松和简便。而Lightroom Mobile包含的专业工具，助您创作令人惊叹的照片和视频效果。仅适用于苹果商店

图 2-1　Adobe 官方网站主页

在主页中单击“下载和安装”链接，进入“下载和安装帮助”页面，单击“所有其他 Adobe 应用程序”后面的“开始使用”链接，在 Acrobat 区域中单击“下载 Acrobat Reader”链接，进入 Adobe Acrobat Reader 下载页面，如图 2-2 所示，单击其中的“下载 Acrobat Reader”按钮即可。

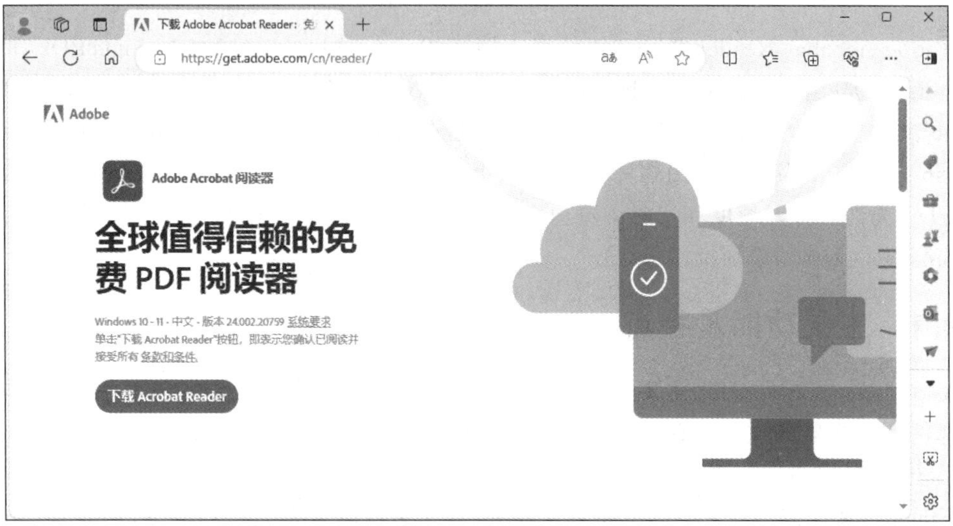

图 2-2　Adobe Acrobat Reader 下载页面

2. 安装。

(1)双击下载到计算机硬盘上的 Reader_cn_install. exe 文件。

(2)在出现如图 2-3 所示的“用户账户控制”对话框时，单击“是”按钮。

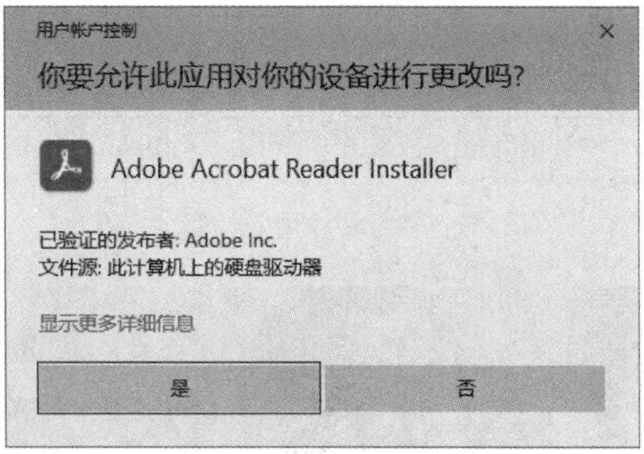

图 2-3　“用户账户控制”对话框

(3)按照提示，完成安装。

图 2-4 为 Adobe Acrobat Reader 工作界面。

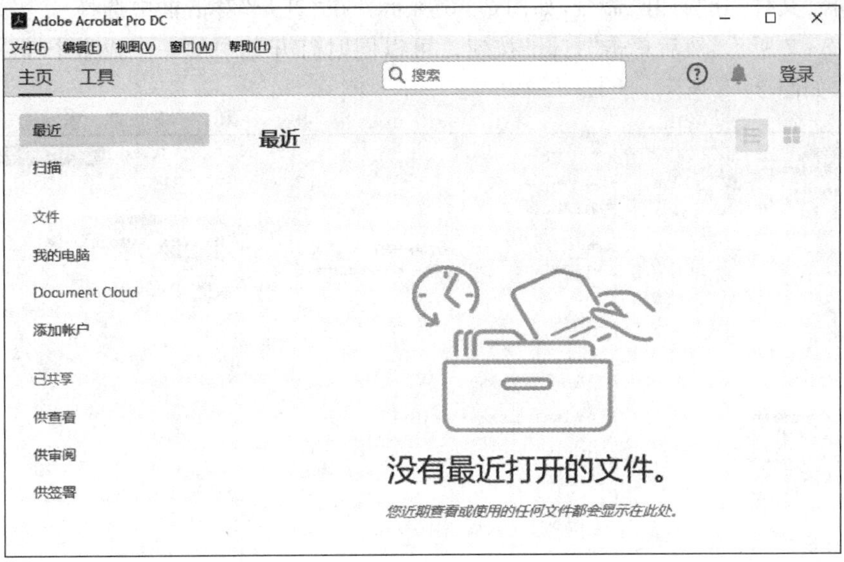

图 2－4　Adobe Acrobat Reader 工作界面

2.3　基本操作

1. 阅读文件。

要在 Adobe Acrobat Reader 中打开 PDF 文件，可执行下列操作之一。

(1)在 Adobe Acrobat Reader 的欢迎界面中单击“打开”链接，或单击最近打开过的文件的名称，如图 2－5 所示。

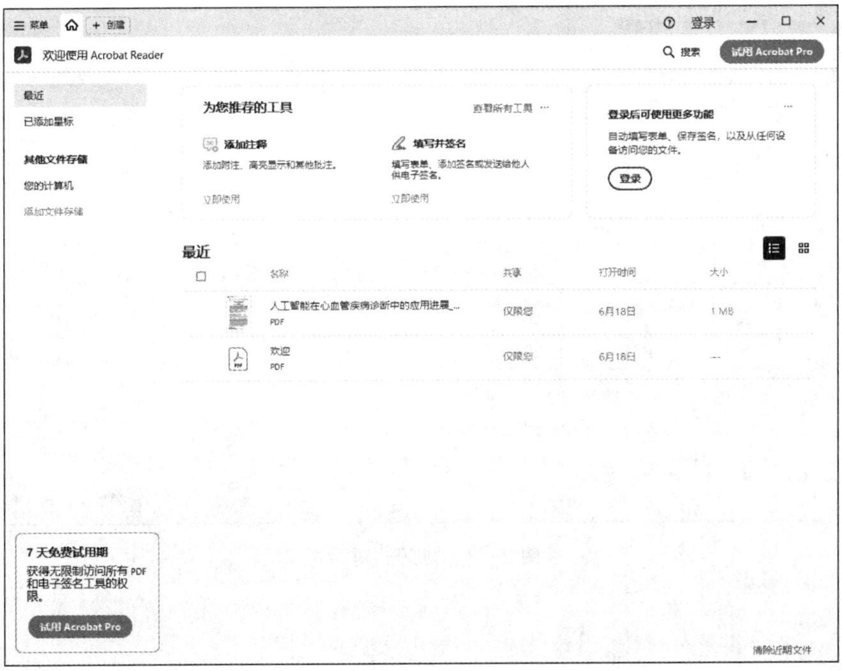

图 2－5　在欢迎界面中打开文件

(2)选择"文件"→"打开"命令,如图2-6所示。在"打开"对话框中选择一个或多个文件名称,如图2-7所示,然后单击"打开"按钮。可以同时打开选中的一个或多个PDF文件,文件阅读窗口如图2-8所示。

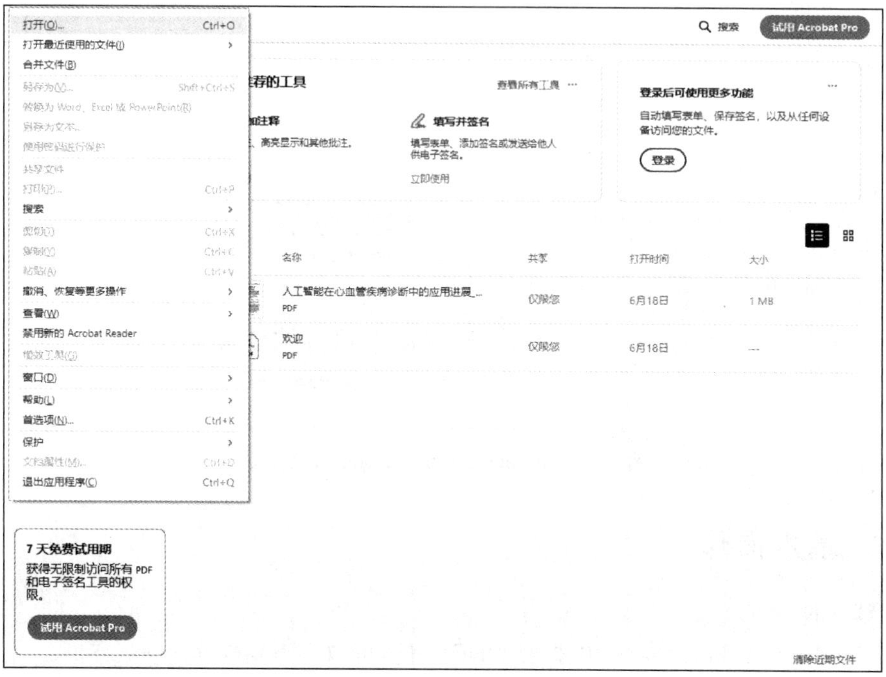

图2-6 选择"文件"→"打开"命令

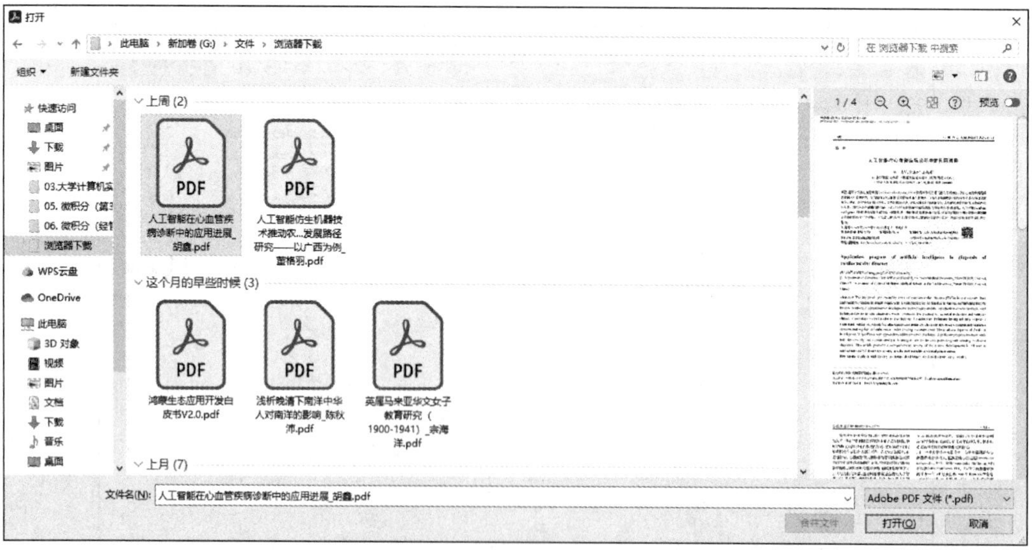

图2-7 "打开"对话框

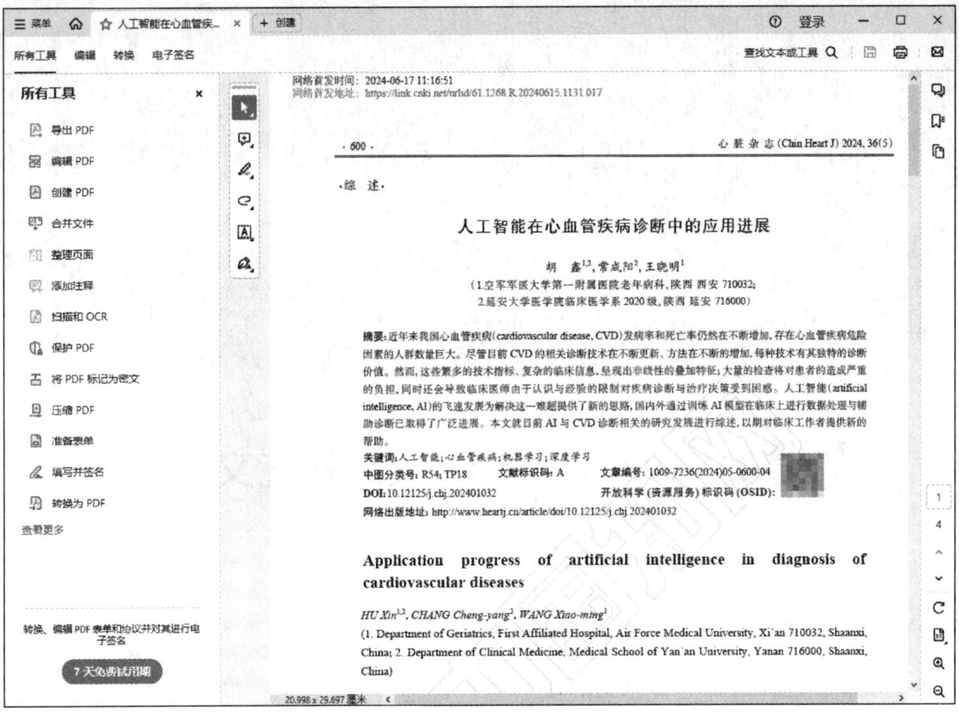

图 2－8　文件阅读窗口

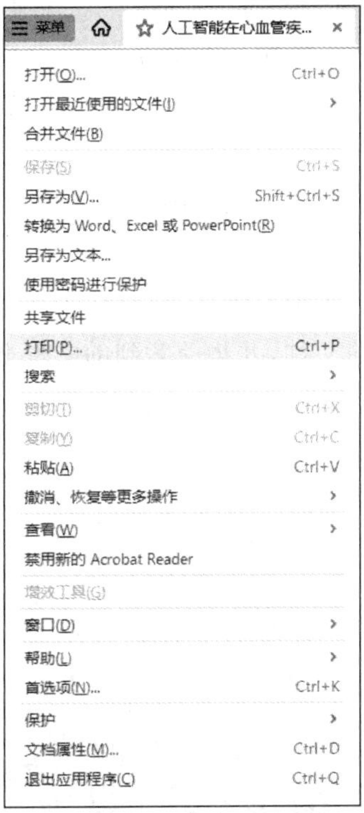

图 2－9　选择“文件”→“打印”命令

(3)拖动 PDF 文件到 Adobe Acrobat Reader 窗口中。

以下操作也可以打开 PDF 文件。

(1)从电子邮件应用程序中打开 PDF 文件。在绝大部分电子邮件应用程序中，可以通过双击 PDF 文件的附件图标来打开 PDF 文件。

(2)单击网络浏览器中的 PDF 文件链接，PDF 文件可能会在网络浏览器中打开。在这种情况下，要使用 Adobe Acrobat Reader 工具栏来打印、搜索和操作 PDF 文件，因为菜单命令可能应用于浏览器，而非应用于 PDF 文件。

(3)双击 PDF 文件的文件图标。

2. 打印文件。

要打印文件，可以选择“文件”→“打印”命令，如图 2－9 所示。或者直接单击工具栏中的“打印”按钮，如图 2－10 所示。

图 2－10　工具栏中的“打印”按钮

第 3 部分　综合应用能力训练

训练 1　Windows 10 操作系统文件管理

1.1　练习 1

在文件资源管理器窗口中依次进行下列操作。

(1)在 D 盘根目录下新建两个文件夹 document 和 picture。

(2)在 C 盘根目录下新建两个文件 ok.docx 与 pic1.bmp。

(3)将 C 盘根目录下的文件 ok.docx 复制并粘贴到 D 盘 document 文件夹下。

(4)将 D 盘 document 文件夹下的文件 ok.docx 重命名为 myok.docx,并将其属性设置为“只读”。

(5)将 C 盘根目录下的文件 pic1.bmp 剪切并粘贴到 D 盘 picture 文件夹下,并重命名为 pic1.jpg。

(6)删除 C 盘根目录下的文件 ok.docx。

(7)搜索 D 盘内扩展名为.bmp、文件大小至多为 800 KB 的文件,并将搜索到的文件全部复制并粘贴到 D 盘 picture 文件夹下。

(8)将 D 盘 picture 文件夹内的文件按文件大小降序排列。

(9)恢复操作(6)中删除的文件 ok.docx。

1.2　练习 2

(1)新建如下文件和文件夹。

E:\DOWN\MUSIC\MP3

E:\教案\大学计算机\PPT\第 1 章.pptx

(2)复制文件。

将“E:\教案\大学计算机\PPT”目录下的“第 1 章.pptx”文件复制并粘贴到“C:\MY DOCUMENT”目录下。

(3)移动文件和文件夹。

将“E:\教案”目录下的“大学计算机”文件夹移动到D盘根目录下。

(4)设置文件和文件夹属性。

将“D:\大学计算机\PPT”目录下的“第1章.pptx”文件的属性设置为“只读”。

将“E:\DOWN\MUSIC”目录下的MP3文件夹的属性设置为“隐藏”。

(5)重命名。

将“E:\DOWN”目录下的MUSIC文件夹重命名为MY MUSIC。

训练2 Word 2016 图文混排

2.1 练习1

样文如图2－1所示。

duàn liàn hé jūn héng yǐn shí shǐ xīn zàng bǎo chí nián qīng

锻炼和均衡饮食使心脏保持年轻

在9月24日世界心脏日到来之际，世界心脏联盟的专家提醒人们注意心脏健康保护，并介绍了使心脏保持年轻的三要素：锻 炼 身 体 、 健 康 饮 食 和 戒 烟 。世界心脏联盟专家指出，研究表明，锻 炼 身 体 、 健 康 饮 食 和 戒 烟 可使心脏病和中风发病率降低80%，并有助于心脏保持健康。

锻炼身体对保持心脏健康最为重要。研究显示，每周跑步1小时或更长时间可使患心脏病的风险降低42%；每天快走30分钟可使患心脏病的风险降低18%并可使患中风的风险降低11%。

均衡饮食对保持一颗健康心脏也很重要。均衡饮食包括食用大量水果、蔬菜、谷物、瘦肉、鱼、豆类以及低脂和脱脂食品。

另外，戒烟也有助于使心脏保持年轻。因为戒烟能维持“好”胆固醇水平，降低血凝固水平，降低血管突然阻塞的概率。

图2－1 样文1

◈操作要求

(1)标题字体为华文新魏，小一，居中对齐，加拼音，拼音字体为Times New Roman。

(2)正文第1段首行缩进2字符，段前间距为1.2行，段后间距为12 pt，行距为20 pt。

(3)在正文第1段后插入一张“心脏”剪贴画，设置图片格式：大小缩放到原图的30％，四周型环绕，置于段落右侧。

(4)正文第2段至第4段均首行缩进2字符，行距为1.5倍行距，左对齐；分3栏显示，加分隔线。

(5)将正文第1段中的“锻炼身体、健康饮食和戒烟”设为华文中宋、红色，字符间距加宽2 pt。

(6)设置正文第2段至第4段中“心脏”的字符格式均为幼圆、蓝色、加粗，加红色、1.5 pt的方框，加“白色，背景1，深色25％”底纹。

2.2　练习2

样文如图2-2所示。

一诺千金

秦朝末年，在楚地有一个叫季布的人，为人仗义，好打抱不平，以信守诺言、讲信用而著称，只要是答应过的事情，无论有多大困难，他都设法办到。

楚汉相争时，季布是项羽的部下，曾几次献策，使刘邦的军队吃了败仗。刘邦当了皇帝后，想起这事，就气恨不已，下令通缉季布。这时，敬慕季布为人的人都在暗中帮助季布。不久，季布经过化妆后到当时著名的侠士朱家家里当佣工。朱家明知他是季布，仍收留了他。后来，朱家到洛阳去找刘邦的老朋友夏侯婴说情。刘邦在夏侯婴的劝说下撤销了对季布的通缉令，还封季布做了郎中，不久又任命季布为河东太守。

有一个季布的同乡曹邱生，专爱结交有权势的官员，借以炫耀和抬高自己，季布一向看不起他。他听说季布又做了大官，就马上去见季布。季布听说曹邱生要来，就虎着脸，准备数落几句话，让他下不了台。谁知曹邱生一进厅堂，不管季布的脸色多么阴沉，话语多么难听，立即对着季布又是打躬，又是作揖，要与季布拉家常叙旧，并吹捧说："我听到楚地到处流传着'得黄金千两，不如得季布一诺'这样的话，您怎么能有这样好的名声传扬在梁、楚两地的呢？我们既是同乡，我又到处宣扬你的好名声，你为什么不愿见到我呢？"季布听了曹邱生的这番话，心里顿时高兴起来，留下他住几个月，作为贵客招待，临走还送给他一笔厚礼。

后来，曹邱生又继续到处宣扬季布的事迹，季布的名声也就越来越大了。

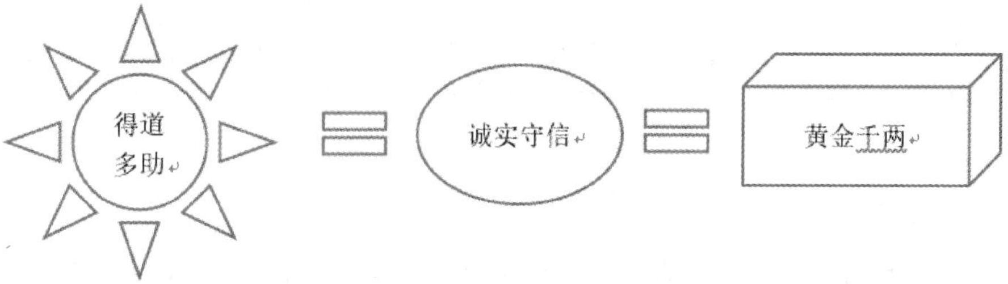

图2-2　样文2

◈操作要求

(1)标题为艺术字，样式为艺术字库中第1行第2列的"填充-蓝色，着色1；阴影"；阴影为"外部-左上斜偏移"；发光为"橙色，11 pt发光，个性色2"；形状为"弯曲-上弯弧"；紧密型环绕；放在如图2-2所示的位置。

(2)正文第1段左缩进5 cm，右缩进2字符，首行缩进2字符，设置为1.4倍行距，分散对齐。

(3)正文第2段和第3段均首行缩进2字符，段后间距为0.5行；加"橙色，个性色2，深色25%"、1 pt宽的阴影方框；分两栏，偏左。为第3段添加底纹，图案样式为12.5%，图案颜色为"金色，个性色4，淡色40%"。

(4)正文第4段，段前间距为1行，首行缩进2字符，左对齐。

(5)将正文中“季布”两字的格式替换为隶书、红色、加着重号。将正文第3段中的“得黄金千两，不如得季布一诺”改为繁体，位置提升3 pt。

(6)在正文第4段末插入如图2-2所示的组合图形，四周型环绕，居中对齐。

2.3 练习3

样文如图2-3所示。

草木皆兵

㊟晋时代，秦王苻坚控制了中国北方。公元383年，苻坚率领步兵、骑兵90万，攻打江南的晋军。晋军大将谢石、谢玄领兵8万前去抵抗。苻坚得知晋军兵力不足，就想以多胜少，抓住机会，迅速出击。

谁料，苻坚的25万先锋部队在寿春一带被晋军击败，损失惨重，大将被杀，士兵死伤万余。秦军的锐气大挫，军心动摇，士兵惊慌失措，纷纷逃跑。此时，苻坚在寿春城上望见晋军队伍严整，士气高昂，再北望八公山，只见山上一草一木都像晋军的士兵一样。苻坚回过头对弟弟说：“此亦劲敌也，何谓少乎？”他后悔自己过于轻敌了。

出师不利给苻坚心头蒙上了不祥的阴影，他令部队靠淝水北岸驻扎，企图凭借地理优势扭转战局。这时晋军将领谢玄提出要求，要秦军稍往后退，让出一点地方，以便渡河作战。苻坚暗笑晋军将领不懂作战常识，想利用晋军忙于渡河难于作战之机，来个突然袭击，于是欣然接受了晋军的请求。

谁知，后退的军令一下，秦军如潮水一般溃不成军，而晋军则乘势渡河追击，把秦军杀得丢盔弃甲，尸横遍地。苻坚中箭而逃。这就是历史上有名的以少胜多的淝水之战。

图2-3 样文3

◈**操作要求**

(1)将标题设为艺术字，样式为艺术字库中第2行第2列的“渐变填充-蓝色-着色1，反射”，形状为“腰鼓”，字体为华文行楷，字号为一号，紧密型环绕，水平居中对齐。

(2)设置正文第1段的字体为楷体；悬挂缩进2字符，段后间距为0.5行。将段落的第1个字设置为带圈字符，样式为增大圈号。

(3)设置正文第2段和第3段均首行缩进2字符，1.2倍行距；分两栏；为左栏添加方框，线型为波浪线，颜色为红色，宽度为0.75 pt；为右栏文字添加浅蓝色底纹。

(4)在正文第3段末插入一张图片，设置图片的高为3 cm，宽为2 cm，紧密型环绕，并调整至合适位置。

2.4 练习 4

样文如图 2－4 所示。

桃李不言，下自成蹊📖

西汉时候，有一位勇猛善战的将军，名叫***李广***，一生跟匈奴打过七十多次仗，战功卓著，深受官兵和百姓的爱戴。***李广***虽然身居高位，统领千军万马，而且是保卫国家的功臣，但他一点也不居功自傲。他不仅待人和气，还能和士兵同甘共苦。每次朝廷给了他赏赐，他首先想到的是他的部下，就把那些赏赐统统分给官兵们；行军打仗时，遇到粮食或水供应不上的情况，他自己也同士兵们一样忍饥挨饿；打起仗来，他身先士卒，英勇顽强，只要他一声令下，大家个个奋勇杀敌，不畏牺牲。这是一位多么让人崇敬的大将军啊！

后来，当***李广***将军去世的噩耗传到军营时，全军将士无不痛哭流涕，连许多与他平时并不熟悉的百姓也纷纷悼念他。在人们心目中，***李广***将军就是他们崇拜的大英雄。

汉朝伟大的史学家司马迁在为***李广***立传时称赞道："桃李不言，下自成蹊。"意思是说，桃李有着芬芳的花朵，甜美的果实，虽然它们不会说话，但仍然会吸引人们到树下赏花尝果，以至树下都走出一条小路。***李广***将军就是以他的真诚和高尚的品质赢得了人们的崇敬。

📖 出自《史记•李将军列传》，比喻为人真诚，严于律己，自然会感动别人，自然会受到人们的敬仰。

图 2－4 样文 4

◆操作要求

(1)将标题字体设为华文琥珀、一号、深红，居中对齐；插入如图 2－4 所示的尾注，尾注文字为华文楷体、小五，尾注位于文档结尾，引用标记为自定义标记📖。

(2)在标题处插入一张图片，图片的高为 2 cm，宽为 5 cm，居中对齐，将图片设置为"冲蚀"效果，衬于文字下方。

(3)设置正文所有段落均首行缩进 2 字符，行距为固定值 20 pt。

(4)设置正文第 1 段首字下沉，字体为楷体，下沉 2 行。

(5)将正文第 3 段中的"桃李不言，下自成蹊"的字体设为华文细黑，颜色为"绿色，个性色 5"，加红色下画线。将正文中的所有"李广"均设为华文行楷、加粗、倾斜，加着重号，字符位置提升 3 pt。

(6)将正文第 3 段中的"赏花尝果"设置为中文版式的合并字符，黑体，9 pt，字体颜色为绿色。

2.5 练习 5

样文如图 2-5 所示。

E 时 代 的 酒 店 管 理 具 有 四 个 特 点 。✌

酒店业的 Internet 应用

1. 国际化：在经济全球化的趋势下，国际旅游更加活跃，客户的要求更加多样化，同时酒店业的竞争会更加透明和激烈，因此必须引进国际上先进的管理模式，来提高服务的水平和竞争力。
2. 网络化：网络化与酒店管理的复杂程度有关，现在，在一个更加开放的环境中，各项管理内容更加细化，而网络可以大大简化、规范这一切，同时还可以大大降低成本，另外，作为旅游业的一个环节，酒店业还必须努力融入整个商业链，更多地通过网上来扩展业务。
3. 高效化：这既是一个服务水平的体现，同时也是酒店提升效益的根本。
4. 灵活性：酒店必须随时掌握来自客户方面的要求和需求，并满足各种各样个性化的需求，只有网络才能够胜任这样烦琐但要求绝对及时的任务。

◇个优秀的酒店管理解决方案必须包括功能齐全、管理模式先进、运行稳定的软件系统，以及对软件的运行效率起着决定性作用的服务性平台。★

酒店从 Internet 应用中得到的好处：解决了繁重的体力劳动和繁杂的数据统计工作。另外，严谨的管理工具会为酒店节省大量的劳动力，为酒店获得准确的经营分析数据，供决策时参考。

图 2-5 样文 5

◈操作要求

(1)将标题设为艺术字，样式为艺术字库中第 1 行第 3 列的“填充-橙色，着色 2；轮廓-着色 2”，二号，适当调整文字方向，四周型环绕，置于正文右侧。

(2)将正文第 1 段的字体设置为隶书、小四、倾斜；段前间距为 5 pt，段后间距为 0.5 行，分散对齐；在段末插入符号✌，文字底纹为粉红色。

(3)为正文第 2 段至第 5 段设置如图 2-5 所示的编号，编号位置为左对齐；将段落中前 3 个字设置为黑体、红色。

(4)正文第 6 段和第 7 段均悬挂缩进 2 字符，行距为 1.6 倍行距。第 6 段第 1 个字设置为带圈字符，样式为缩小文字，圈号为菱形；第 7 段第 1 个字设置为带圈字符，样式为增大圈号，圈号为正方形。

(5)在正文第 6 段后插入一个五角星，五角星的高为 0.6 cm，宽为 0.6 cm，填充颜色及线条颜色均为红色。

2.6　练习6

样文如图2-6所示。

音乐的魅力

研究显示音乐可增强孩子记忆力

加拿大一项研究显示，学习***音乐***的孩子比不学***音乐***的孩子有更好的记忆力。

发表在《脑》季刊网络版上的这项研究显示，经过一年***音乐***训练的孩子在记忆测验中的表现比没有学习***音乐***的孩子要好。

加拿大安大略省一所大学的心理学、神经系统科学和行为学教授劳雷尔•特雷纳说："研究显示，如果你学习***音乐***的话，你的大脑运转与没有学习的人是不同的。研究首次显示，接受***音乐***训练的孩子与未接受***音乐***训练的孩子在一年内大脑反应就会产生差异。"

研究者在一年中对两组4至6岁的孩子进行了4次测试。其中一组学习***音乐***，另一组则不接受***音乐***训练。测试内容有区别和声、节奏和旋律的***音乐***测试及听完一列数字后复述等记忆测试。结果发现，孩子的记忆力在短短4个月后就有了变化。

研究者表示，虽然此前已有研究显示，年龄稍大的孩子接受音乐训练后比上戏剧课的孩子在智商上有更大提高，但他们的研究首次确定音乐训练对更年幼的孩子也有类似效果。

图2-6　样文6

◈操作要求

(1)标题为艺术字，样式为艺术字库中第3行第4列的"填充-白色，轮廓-着色2，清晰阴影-着色2"，小二，环绕方式为上下型，水平居中对齐。

(2)正文第1段至第4段均首行缩进2字符，右缩进0.7 cm，行距为固定值20 pt。将文字设置为华文楷体、小四。

(3)将正文第1段至第4段中的所有"音乐"一词均设置为深红色、加粗、倾斜，加双下画线，字符缩放150%。

(4)将正文最后一段的内容放入一竖排文本框内，四周型环绕，右对齐，填充颜色为"绿色，个性色6，淡色80%"，文本加粗，颜色为"橙色，个性色2"，线条颜色为红色，宽度为3 pt。

(5)给正文第2段的整个段落加边框，颜色为紫色，宽度为2.25 pt。给第2段的文字添加底纹，图案样式为浅色竖线，图案颜色为"绿色，个性色6，淡色60%"。

(6)设置页眉，在页眉左侧输入"音乐的魅力"，字体为幼圆。

2.7 练习7

样文如图2-7所示。

我们单位领导大名胡不字，识字不多，书法不好，上级逐渐对他产生了不信任的感觉。为了挽回局面，胡不字向秘书问计，秘书说："单位的事再多，到你这也不过同意二字，你先把同意二字练好了，再练练签名，即可应付一切了！"胡不字大喜，于是整日二事不干，专练"同意，胡不字"这五个字。天长日久，水滴石穿，胡不字的这五个字练得出神入化，已达到炉火纯青的地步。上级看着胡不字的书法大有进步，对其不满也渐渐淡去。

一日，市文联组织本市书画界名人去日本观摩书画，分给我单位一个指标，人们都争着要去，胡不字一锤定音："我去。"尽管人们私下里叽叽呱呱，胡不字一表态自己去，无人敢说二话。

就这样胡不字混迹在本市书画名人间出访日本去了。

胡不字也有自知之明，每至一处，皆小心谨慎，几天来尚未露马脚。一日行至浮世绘展馆，胡不字不禁兴致大发，连声称好。日本同行见其兴致高涨，趁兴进言，要其题字留念。知他底细的人都替他捏了把汗。谁知胡不字毫不在意，大笔一挥，写了几行字就交给了主办方。人们定睛一看，只见上面龙飞凤舞地写着："同字不同意，意同字不同。胡不字"这个胡不字，关键时候竟把这五个字用在中日文字的区别上，倒也是歪打正着呀！

表1 文化场地建设基本情况		
文化场地	2018年	2019年
公共图书馆(个)	3176	3196
省、地市级群众艺术馆(个)	390	380
博物馆(个)	4918	5119
艺术表演场馆(个)	1236	1205

图2-7 样文7

◈操作要求

(1)页面设置：纸张为自定义大小，宽为18 cm，高为20 cm；页边距的左、右均为2 cm，上、下均为2.5 cm；在页眉左侧插入系统日期，在页眉右侧插入系统时间，文字加粗；页面边框为时钟的艺术图。

(2)插入一张图片到如图2-7所示的位置，设置图片的高为7 cm，宽为5.02 cm，环绕方式为四周型。

(3)为标题设置喜欢的艺术字样式，环绕方式为浮于文字上方，将艺术字旋转到如图2-7

所示的角度,并将标题与图片组合。

(4)将正文设置为楷体、五号,首行缩进 2 字符。最后一段分两栏显示,并为段落添加浅绿色底纹。

(5)将正文中所有的“胡不字”设置为红色,并添加红色的双下画线。

(6)在正文末尾插入表格,自动套用喜欢的样式,居中对齐。

2.8 练习 8

样文如图 2-8 所示。

秋季旅游可看六大秋色

秋天，成熟的季节，旅游的季节。一阵秋雨过后，秋风送来缕缕寒意，树叶一茬一茬地变换着自己的颜色，处处秋高气爽，处处秋水宜人。真想实实在在把这秋味儿品尝一次，让整个身心都陶醉在那秋的惬意之中。

◆ **新疆阿勒泰喀纳斯**

去了喀纳斯，就知道了什么是真正的秋色。白桦树叶、青杨树叶在秋风的轻抚中由绿变黄，再由黄变红，远远望去，层林尽染。哈萨克人木屋中的炊烟袅袅升起，环绕在树梢，弥漫在田野，悠远而宁静。

◆ **云南香格里拉纳帕海**

秋冬来临，走进香格里拉的纳帕海，映入眼帘的是金色的草原、皑皑的雪山和充满灵性的各种鸟类。

◆ **四川九寨沟**

九寨沟是水做的童话世界，关于她的美丽已经说得太多了。红色、黄色的叶子与蓝色、绿色的湖水交织在一起，令人惊诧此景好似人间仙境。

◆ **北京香山**

虽然香山的红叶没有米亚罗的面积大，但是香山红叶的名气却是米亚罗红叶不能比拟的。许多人把去香山看红叶作为秋季北京旅游的重要项目。

◆ **杭州西湖**

“万顷湖平长似镜，四时月好最宜秋。”这是古人对西湖十景之一——“平湖秋月”的描述。感受平湖秋月的味道，最好的时节就是每年的中秋节了。

◆ **长沙橘子洲**

90多年前，伟人毛泽东重游橘子洲，写下《沁园春·长沙》一词，橘子洲也因此而声名大振，尤其以秋季景色最为独特。

图 2-8 样文 8

◈**操作要求**

(1)标题为艺术字,样式为艺术字库中第 1 行第 5 列的“填充-金色,着色 4,软棱台”,四周型环绕,二号,置于文档左侧。

(2)正文第 1 段首行缩进 2 字符;字符缩放 80%;加下画线,线型为双波浪线,颜色为“橙色,个性色 2”。

(3)为正文中第 2 段、第 4 段、第 6 段、第 8 段、第 10 段、第 12 段均设置如图 2-8 所示的项目符号,段落中文字均为楷体、五号、加粗、红色,段前间距均为 0.3 行。

(4)正文中第3段、第5段、第7段、第9段、第11段、第13段均首行缩进2字符。

(5)为正文第11段中的“万顷湖平长似镜,四时月好最宜秋。”一句加单下画线。为正文第13段中的“《沁园春·长沙》”添加3 pt宽的黄色方框,添加底纹“灰色-10%”。

(6)页面设置:纸张大小为16开,上、下、左、右页边距分别为1.5 cm、1.6 cm、2.1 cm、2 cm。

2.9 练习9

样文如图2-9所示。

Unmanned Aerial Vehicle

无人驾驶战斗机目前正在大力发展中。它所担负的主要任务是空中格斗,但有的无人驾驶战斗机也可在空中发射导弹、投放鱼雷和炸弹。在飞行过程中,人们可对其随时且即时进行遥控,即进行所谓“实时遥控”,任务执行完毕还可以回收。开始这种无人驾驶飞机的研制是由于有人驾驶的战斗机成本太高,以及避免驾驶员的伤亡。无人驾驶战斗机也可更好地提高飞机作战的制动性。

其他种类的无人驾驶飞机还有无人驾驶研究机、无人驾驶电子干扰机和无人驾驶假目标机等。无人驾驶研究机专用于进行某些科学研究,如飞机的气动外形和机翼剖面形状的实验研究,动力装置的飞行实验,等等。有的无人驾驶研究机的速度可达音速的四倍。无人驾驶电子干扰机和无人驾驶假目标机则用来干扰对方的雷达,保护己方的其他作战飞机躲开侦察以安全执行任务。

总之,在航空技术高速发展的今天,无人驾驶飞行器的功用越来越大,无论是在军事上,还是在科学研究领域,它都扮演着重要的角色。

民用无人机使用情况

单位:架

地区	工业	农业	合计
东区	1337	2074	3411
南区	3210	2673	5883
合计	4547	4747	9294

图2-9 样文9

◈操作要求

(1)将文档的纸张大小设置为16开,上、下、左、右页边距均设置为2 cm,装订线为0.5 cm。

(2)将标题“Unmanned Aerial Vehicle”的字体设置为Arial、三号、倾斜,居中对齐。

(3)正文第1段首字下沉2行,字体为隶书。

(4)将正文第1段的段后间距设置为0.5行,正文第2段的行距设置为1.5倍行距,字体为黑体、小四、浅蓝色。

(5)将正文第2段分成两栏,不加分隔线。

(6)给正文第3段(正文最后一段)的文字添加浅绿底纹;将“总之”两字的字符缩放150%,将字体颜色设置为红色。

(7)插入如图 2 - 9 所示的表格，表格内的“合计”行、“合计”列的数值用公式计算。

2.10　练习 10

样文如图 2 - 10 所示。

中国伟大的数学家陈景润　　1

中国伟大的数学家陈景润

1966 年屈居于六平方米小屋的陈景润，借一盏昏暗的煤油灯，伏在床板上，用一支笔，耗去了几麻袋的草稿纸，居然攻克了世界著名数学难题“哥德巴赫猜想”中的(1+2)，创造了距摘取这颗数论皇冠上的明珠(1+ 1)只是一步之遥的辉煌。

他证明了“每个大偶数都是一个素数及一个不超过两个素数的乘积之和”，使他在哥德巴赫猜想的研究上居世界领先地位。这一结果国际上誉为“陈氏定理”，受到广泛征引。这项工作还使他与王元、潘承洞在 1978 年共同获得中国自然科学奖一等奖。他研究哥德巴赫猜想和其他数论问题的成就，至今，仍然在世界上遥遥领先。

系别	一系	二系	三系	四系
专科	300	400	500	350
本科	400	300	400	450
研究生	100	50	150	80

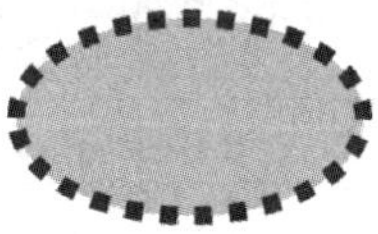

世界级的数学大师、美国学者安德烈 · 韦伊(André Weil)曾这样称赞他：***“陈景润先生做的每一项工作，都好像是在喜马拉雅山山巅上行走。危险，但是一旦成功，必定影响世人。”***

图 2 - 10　样文 10

◈操作要求

(1)页面设置：将纸张大小设置为 A4，方向为横向，左、右页边距分别为 3 cm 和 2 cm。

(2)设置页眉和页脚，在页眉左侧输入“中国伟大的数学家陈景润”，并将其设置为隶书、五号；在右侧插入页码。

(3)将标题设为艺术字，样式为艺术字库中第 2 行第 5 列的“填充-灰色- 50%，着色 3；锋利棱台”，效果为“转换-弯曲-停止”，字体为宋体，字号为三号，环绕方式为紧密型，居中对齐。

(4)正文中所有段落均首行缩进 2 字符。将最后一段中的“陈景润先生做的每一项工作，都好像是在喜马拉雅山山巅上行走。危险，但是一旦成功，必定影响世人。”设置为华文楷体、小四、红色、加粗。

(5)在正文第 2 段后插入一个 4 行 5 列的表格。表格自动套用样式“清单表 1 浅色-着色 5”，表格左对齐；无文字环绕；左缩进 1 cm；单元格对齐方式为水平居中。

(6)在表格右侧画一个椭圆，线条颜色为紫色，线型为圆点虚线，宽度为 6 pt，填充颜色为“金色，个性色，淡色 40%”。

训练3 Word 2016 表格处理

3.1 练习1

样表如图3-1所示。

课程表

星期 节次		一	二	三	四	五
1-2	课程	英语	计算机		语文	
	教室	116	108		203	
3-4	课程	数学		数学		英语
	教室	501		501		116
午 间 休 息						
5-6	课程		英语			
	教室		116			
7-8	课程	语文			听力	计算机
	教室	203			408	108

图3-1 样表1

◈操作要求

(1)插入一个10行6列的表格并输入标题。

(2)按图3-1对相应单元格进行合并与拆分操作并输入相关文字。

(3)表格外框线及第6行边框线的线宽为1.5 pt。

(4)表格第1行的文字为深红色、加粗,添加浅绿色底纹,为A1单元格添加斜线。

(5)将除标题行和第6行之外的其他单元格的对齐方式均设置为中部右对齐;将第6行文字设置为红色、加粗、倾斜、水平居中。

(6)对行高、列宽进行适当调整。

3.2　练习2

样表如图3－2所示。

白鹤村居民预计出游时期调查表

年龄/岁	白鹤村居民预计出游时期				
	春耕前	双抢前	双抢后	春节	其他
15~24	30.8%	8.4%	11.2%	35.9%	13.7%
25~44	26.1%	7.5%	12.6%	45.3%	8.5%
45~64	31.5%	7.4%	14.6%	35.6%	10.9%
≥65	8.4%	15.1%	8.8%	49.6%	18.1%
平均值	**24.2%**	**9.6%**	**11.8%**	**41.6%**	**12.8%**

图3－2　样表2

◈**操作要求**

(1)插入一个6行6列的表格并输入标题。

(2)将A1、A2单元格合并,将B1:F1单元格区域合并,按图3－2输入相应文字。

(3)在最后一行下方插入一行,计算各列的平均值;将该行文字加粗显示。

(4)设置表格外边框的线宽为3 pt,颜色为“橙色,个性色2”;内框线的线宽为1.5 pt,颜色为黑色。

(5)指定表格宽度为14 cm,居中对齐;设置第1行和第2行的行高均为固定值1.2 cm,单元格中文字为华文行楷、小四;设置其他各行的行高均为固定值1 cm。

(6)设置所有单元格的对齐方式均为水平居中。

3.3 练习3

样表如图3-3、图3-4所示。

某公园污水排放源数量表

年份	2021	2020	2019	2018
宾馆酒楼 /个	5	22	28	28
餐馆食店 /个	25	36	45	40
居民住户 /个	90	150	180	160

图3-3 样表3

某公园污水排放源数量表

年份	2024	2023	2022	2021
宾馆酒楼/个	5	22	28	28
餐馆食店/个	25	36	45	40
居民住户/个	90	150	180	160
总计/个	120	208	253	228

图3-4 样表4

◈操作要求

(1)插入一个4行5列的表格,并输入文字,表格中文字的对齐方式为水平居中;表格居中对齐,无文字环绕(见图3-3)。

(2)在第4行下方插入一行,利用公式求第2列至第5列中各年数据的总和(见图3-4)。

(3)设置表格自动套用样式,样式为"浅色样式2-强调3"。

(4)指定所有行的行高为0.85 cm,所有列的列宽为2.5 cm。

(5)将表头文字设置为宋体、小四,加粗,对齐方式为中部右对齐。

3.4　练习 4

样表如图 3-5、图 3-6 所示。

中南地区城镇人口（万人）

地区	2018 年	2017 年	2016 年	2015 年
河南省	4967	4795	4623	4441
湖北省	3568	3500	3419	3327
湖南省	3865	3747	3599	3452
广东省	8022	7802	7611	7454
广西壮族自治区	2474	2404	2326	2257
海南省	552	537	521	502

图 3-5　样表 5

中南地区城镇人口（万人）

地区	2018 年	2017 年	2016 年
湖南省	3865	3747	3599
湖北省	3568	3500	3419
河南省	4967	4795	4623
海南省	552	537	521
广西壮族自治区	2474	2404	2326
广东省	8022	7802	7611

图 3-6　样表 6

◈操作要求

(1)插入一个 7 行 5 列的表格，并输入标题和表内文字(见图 3-5)，单元格中的内容居中对齐。

(2)对表格进行排序，主要关键字为“地区”列，类型为拼音，降序排列。

(3)删除第 5 列；指定表格宽度为 13 cm。

(4)调整单元格间距为 0.1 cm(见图 3-6)。

(5)设置单元格内的文字为隶书、小四，单元格内文字的对齐方式为靠下居中对齐。

训练4 Excel 2016 数据处理

4.1 练习1

样表如图4-1所示。

	A	B	C	D	E
1	地区	年末常住人口(万人)	出生率	死亡率	自然增长率
2	北京市	2154	8.24‰	5.58‰	2.66‰
3	上海市	2424	7.2‰	5.4‰	1.8‰
4	江苏省	8051	9.32‰	7.03‰	2.29‰
5	湖北省	5917	11.54‰	7‰	4.54‰
6	湖南省	6899	12.19‰	7.08‰	5.11‰
7	广东省	11346	12.79‰	4.55‰	8.24‰
8	海南省	934	14.48‰	6.01‰	8.47‰

图4-1 样表7

◈操作要求

建立如图4-1所示的工作表,并进行如下操作。

(1)在第1行前插入一行,将A1:E1单元格区域合并,输入标题"2018年部分省市常住人口和出生率、死亡率、自然增长率表",并将其设置为黑体、16 pt、红色,添加"灰色-25%,背景色2"底纹。

(2)将工作表改名为"人口表";将A2:E2及A3:A9单元格区域的文字均设置为楷体、加粗、16 pt。

(3)为E列单元格设置条件格式,将数值大于8‰的单元格设置为红色、加粗、浅蓝色底纹,将数值小于3‰的单元格设置为橙色、倾斜、加下画线。

(4)按"年末常住人口(万人)"列降序排列。

(5)筛选出年末常住人口数大于6 000万,并且自然增长率大于5‰的地区。

(6)求B~E列数据的平均值并放入对应列的第9行中。将C~E列的数值保留2位小数。

4.2　练习2

样表如图4-2所示。

	A	B	C	D	E	F	G
1	姓名	性别	部门	基本工资	津贴	水电费	公积金
2	刘武	男	财务部	5800	3200	95.6	1080
3	张冰冰	女	技术部	5620	2600	106.6	1062
4	郑小明	男	技术部	5620	2600	170.3	1062
5	王宏岩	男	销售部	5500	2400	112.3	1050
6	李国林	男	销售部	5800	4000	117	1080
7	孙乐乐	女	财务部	5500	3000	86.7	1050
8	张艳	女	技术部	5620	3400	146.2	1062
9	吴志斌	男	销售部	5620	3200	65	1062
10	刘冷	男	财务部	5580	4000	70.3	1058
11	陈红红	女	财务部	5580	4000	112.3	1058
12	赵大林	男	技术部	5800	5000	117	1080
13	朱意	女	销售部	5500	4000	86.7	1050
14	邱红霞	女	销售部	5620	3200	143.2	1062

图4-2　样表8

◆操作要求

建立如图4-2所示的工作表(表中为模拟数据),并进行如下操作。

(1)在G列后插入“扣除总计”和“实发工资”两列,求出每个月的扣除总计和实发工资,其中扣除总计等于水电费加上公积金,实发工资等于基本工资加津贴再减去扣除总计,表中所有数值数据均保留2位小数,前面加货币符号“¥”。

(2)对工资表进行排序,主要关键字为“部门”,次序为升序;次要关键字为“基本工资”,次序为降序;第三关键字为“实发工资”,次序为升序。

(3)筛选出实发工资大于或等于8 000元的女职工。

(4)分别求男、女职工的基本工资、津贴及实发工资的平均值。

(5)按部门分别统计男、女职工的实发工资的平均值。

4.3 练习3

样表如图4-3所示。

	A	B	C	D
1	各级各专业在校学生人数			
2	专业	2017级	2018级	2019级
3	会计	1203	1309	1580
4	计算机科学与技术	1108	1418	1633
5	水利水电工程	909	1204	1160

图4-3 样表9

◈操作要求

按照图4-3建立工作表,并进行如下操作。

(1)表格格式化:将文字设置为楷体、10 pt,加内、外边框,文字水平居中对齐;将第1行文字设置为加粗、绿色。

(2)在工作表中插入折线图,子类型为带数据标记的折线图,横坐标为年级,纵坐标为人数。

(3)设置图表属性(见图4-4):图例为楷体、9 pt,加黑色实线边框;横坐标轴标题为楷体、9 pt;图表标题为黑体、14 pt;添加线条标记;清除图表中绘图区的网格线。

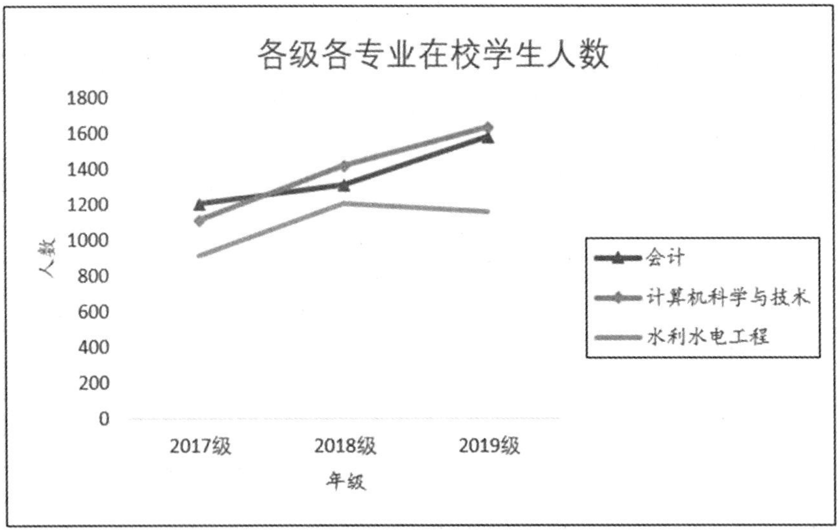

图4-4 折线图

4.4　练习 4

样表如图 4 - 5 所示。

	A	B	C	D
1	2019年各季度各产业增加值			
2	指标	第一产业增加值当季值(亿元)	第二产业增加值当季值(亿元)	第三产业增加值当季值(亿元)
3	2019年第一季度	8769.4	81806.5	127486.9
4	2019年第二季度	14437.6	97315.6	130820.6
5	2019年第三季度	19798	97790.4	134620.4
6	2019年第四季度	27461.6	109252.8	141305.2

图 4 - 5　样表 10

◈操作要求

按照图 4 - 5 建立工作表，并进行如下操作。

(1)在 A7 单元格内输入“全年”，B7:D7 单元格区域的值分别为对应列的数值之和。

(2)表格格式化：将第 1 行文字设为隶书、16 pt，给第 2 行及 A 列均添加黄色底纹，所有单元格的文本均水平居中对齐，为表格添加边框。

(3)插入柱形图，子类型为百分比堆积柱形图，横坐标为季度，纵坐标为百分比。

(4)设置图表属性：图例位置靠右，文字为华文新魏、9 pt；坐标文字为楷体、9 pt；图表标题为楷体、12 pt，清除绘图区的网格线、边框、背景颜色及图表区的边框。

(5)“第一产业增加值当季值(亿元)”数据系列格式：内部颜色为橙色；“第三产业增加值当季值(亿元)”数据系列格式：内部填充为紫色网格纹理，如图 4 - 6 所示。

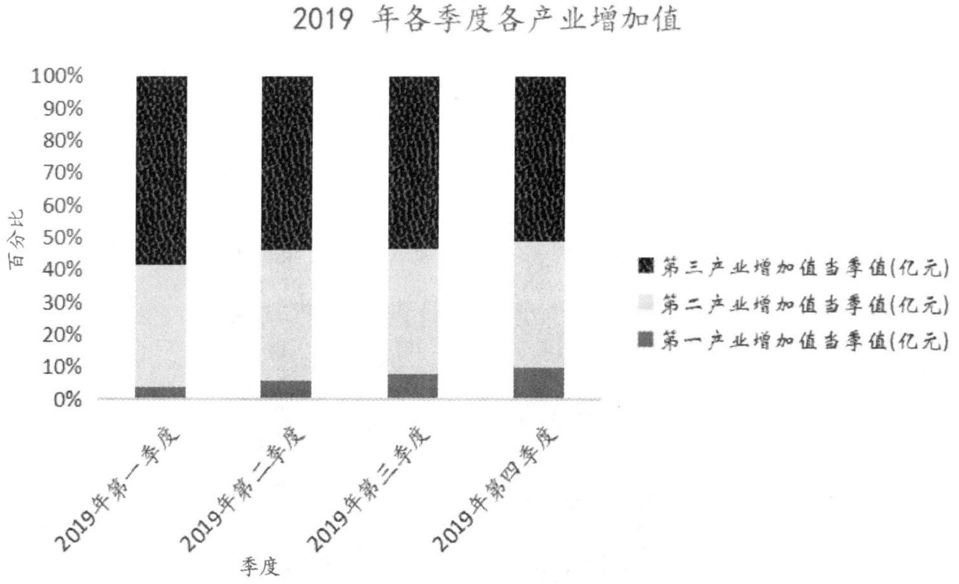

图 4 - 6　百分比堆积柱形图

训练5 PowerPoint 2016 演示文稿制作

◆操作要求

打开 PowerPoint 2016，建立一个空白演示文稿，并进行如下操作。

(1)第1张幻灯片标题为“第3章 办公自动化基础”；副标题有3项，分别为“3.1 文字处理基础”“3.2 电子表格处理基础”“3.3 演示文稿制作”。

(2)插入一张幻灯片，版式为“标题和内容”；标题为“3.2 电子表格处理基础”；文本为“Excel 2016 主界面如下：”；内容为一张 Excel 2016 的主界面图片；调整文本与内容的大小与距离。

(3)在第1张幻灯片与第2张幻灯片之间插入一张幻灯片，版式为“两栏内容”；标题为“3.1 文字处理基础”；插入一张自己喜欢的图片；文本为两项，分别是“在 Word 中插入图片”“将图片缩放150%”。

(4)格式化第1张幻灯片。应用主题“环保”；将标题文字设为华文新魏、54 pt；副标题内容左对齐，字体为楷体，加粗。

(5)为第1张幻灯片中“3.1 文字处理基础”设置超链接，链接到本文档的第2张幻灯片；为“3.2 电子表格处理基础”设置超链接，链接到本文档的第3张幻灯片。

(6)格式化第2张幻灯片。格式化背景，填充效果为纹理“粉色面巾纸”；标题文字加粗；将图片缩放150%；修改文本的项目符号的样式，将文本设置为隶书、32 pt。

(7)格式化第3张幻灯片，应用主题“画廊”。

(8)修改幻灯片母版，为每张幻灯片插入日期(自动更新)、幻灯片编号及页脚“办公自动化”，并将其字号均设为20 pt。

(9)为第2张幻灯片添加动画，文本为菱形进入效果，速度为非常快；图片为棋盘进入效果。

(10)设置所有幻灯片的切换效果为随机线条、中速，声音为风铃。

(11)保存文件，将其命名为“第3章.pptx”，并观看放映效果，如图5－1～图5－3所示。

第3章 办公自动化基础
3.1 文字处理基础
3.2 电子表格处理基础
3.3 演示文稿制作
办公自动化
2024/4/19
1

图5－1 第1张幻灯片

3.1 文字处理基础
在Word中插入图片
将图片缩放150%
办公自动化
2024/4/19
2

图 5－2　第 2 张幻灯片

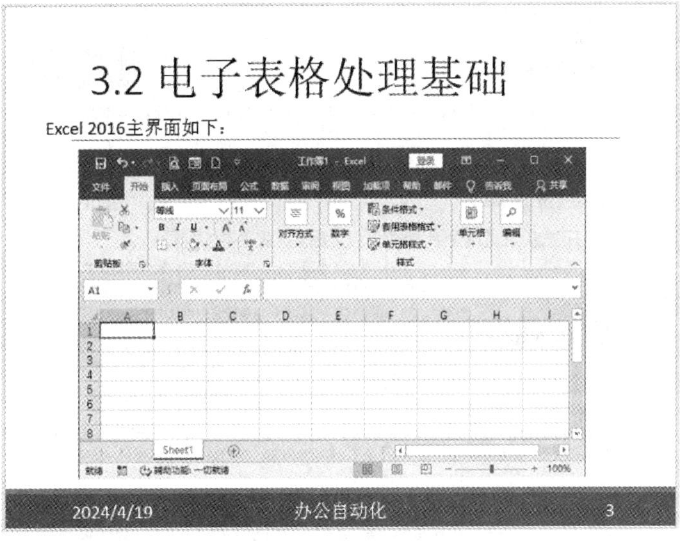
3.2 电子表格处理基础
Excel 2016主界面如下：
2024/4/19
办公自动化
3

图 5－3　第 3 张幻灯片

训练6 Internet 信息检索

6.1 练习1

搜索并保存网页内容,如图6-1~图6-3所示。

◈操作要求

(1)利用搜索引擎搜索与大学生创业相关的信息。

(2)单击其中的一个超链接,查看网页内容。

(3)将网页内容复制到一个空白的Word文档中,对该Word文档进行排版并保存。

(4)将该Word文档以附件方式保存到自己的邮箱。

大学生创业案例_百度搜索
https://www.baidu.com/s?ie=utf-8&f=8&rsv_b...
大学生创业案例
百度一下
网页 资讯 图片 视频 文库 知道 贴吧 采购 地图 更多
全部 真实故事 启示个人分析 文山
百度为您找到以下结果
搜索工具
七年!农大见证了这个努力的少年! - 新疆农业大学 - 中国大...
2024年3月19日 葛世萌,新疆农业大学动物科学学院2019届畜牧学专业硕士研究生毕业,农大见证了他一路的成长。 葛世萌,新疆农业大学动物科学学院2019届畜牧学专业硕士研究生毕业,一名从山东来...
中国大学生在线
大学生创业成功案例 - 百度文库
5分 23页 6511次阅读
90后大学生创业故事成功来于不懈努力 金融12-1班 吴丽萍哈默一个关于尊严的故事part1• 80多年前的一个冬天,美国南加州沃尔逊小镇上来了一群逃难的流亡者。镇长杰克逊大叔给一批又一...
大学生创业成功案例
5分 12页 7687次阅读
案例一陈生毕业于北京大学,十多年前放弃了自己在政府中让人羡慕的公务员职务毅然下海,倒...
大学生创业案例分析
5分 5页 4.3万次阅读
大学生创业案例分析大学生就业形势紧张,自主创业成为很多毕业生的选择,国家也出台了很多...

图6-1 信息检索(1)

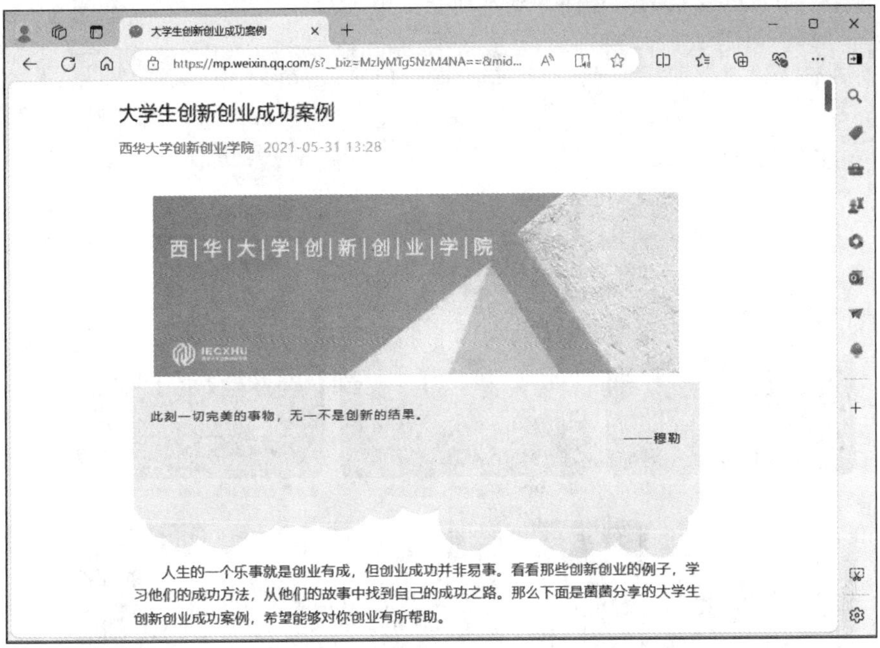
大学生创新创业成功案例
https://mp.weixin.qq.com/s?__biz=MzlyMTg5NzM4NA==&mid...
大学生创新创业成功案例
西华大学创新创业学院 2021-05-31 13:28
西|华|大|学|创|新|创|业|学|院
此刻一切完美的事物，无一不是创新的结果。
——穆勒
人生的一个乐事就是创业有成，但创业成功并非易事。看看那些创新创业的例子，学习他们的成功方法，从他们的故事中找到自己的成功之路。那么下面是菌菌分享的大学生创新创业成功案例，希望能够对你创业有所帮助。

图6－2　信息检索(2)

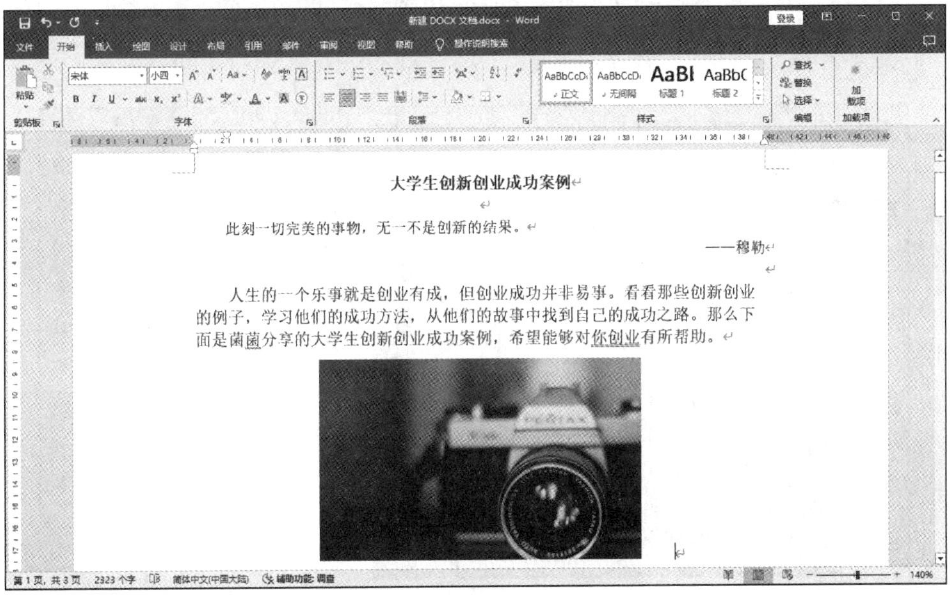
新建 DOCX 文档.docx - Word
大学生创新创业成功案例
此刻一切完美的事物，无一不是创新的结果。
——穆勒
人生的一个乐事就是创业有成，但创业成功并非易事。看看那些创新创业的例子，学习他们的成功方法，从他们的故事中找到自己的成功之路。那么下面是菌菌分享的大学生创新创业成功案例，希望能够对你创业有所帮助。
第1页，共3页　2323个字

图6－3　信息检索(3)

6.2　练习2

搜索并保存图片，如图6－4～图6－5所示。

◆**操作要求**

(1)利用搜索引擎搜索张家界的风景图片。

(2)选择一张自己喜欢的图片保存到本地硬盘中。

图6-4 图片搜索(1)

图6-5 图片搜索(2)

6.3 练习 3

利用 CNKI 搜索篇名包含关键词“自然语言处理”的期刊论文，从中选择一篇下载并阅读，如图 6－6～图 6－7 所示。

图 6－6 CNKI 搜索(1)

图 6－7 CNKI 搜索(2)

训练7 Photoshop图像处理

制作“青春的向往”插图，如图7-1所示。

图7-1 “青春的向往”插图

◈操作要求

(1)在Photoshop中新建一个背景为白色，大小为800像素×600像素，RGB颜色模式的图像文件。

(2)利用互联网下载“少女剪影.jpg”图片和“树叶.jpg”图片。

(3)将两张图片复制到Photoshop的不同图层中。注意两张图片的图层关系，“少女剪影.jpg”图片在下，“树叶.jpg”图片在上。

(4)利用“编辑”→“自由变换”命令，调整两张图片的大小和位置。

(5)利用Photoshop的魔棒等工具，删除两张图片的背景。

(6)在“图层”面板中调整两张图片的不透明度。

(7)利用“图像”→“调整”→“亮度/对比度”命令，调整两张图片的亮度和对比度。

(8)输入文字，并进行文字变形。调整文字位置后拼合所有图层。

(9)利用矩形选框工具，设置图片大小，按Ctrl+C快捷键复制图像，选择“文件”→“新建”命令，新建文件。按Ctrl+V快捷键粘贴图像到新文件。在“图层”面板中拼合所有图层。

(10)按Ctrl+A快捷键选择图像边框，设置前景颜色为“蓝色”，选择“编辑”→“描边”命令，将描边宽度设置为“2像素”，对图片进行描边。

(11)将图片以文件名“青春的向往.jpg”保存在“E:\计算机作业”目录下，图像品质为“最佳”。

参 考 文 献

[1] 易建勋,范丰仙,刘青,等.计算机网络设计[M].3版.北京:人民邮电出版社,2016.
[2] 易建勋,史长琼,付强.计算机硬件技术:结构与性能[M].北京:清华大学出版社,2011.
[3] 白中英.计算机硬件技术基础:立体化教材[M].北京:高等教育出版社,2009.
[4] 周贺来,连卫民.办公自动化实用教程[M].3版.北京:高等教育出版社,2014.
[5] 杜茂康,刘友军,武建军.Excel与数据处理[M].6版.北京:电子工业出版社,2019.
[6] 蒋加伏,张林峰.大学计算机实践教程[M].6版.北京:北京邮电大学出版社,2020.
[7] 恒盛杰资讯.Office 2016办公专家从入门到精通[M].北京:机械工业出版社,2016.
[8] 姜灵敏,吕会红.办公软件实用技术[M].北京:高等教育出版社,2010.